U0001248

倒數60天 職場生存日記

四十五歲的我在工作低谷，
尋找人生選擇權

Vito——著

Contents

第三章 痛苦蛻變後，成為更好的自己

前言

因為一場疫情，人生被迫開啟新章節

很久很久以前，當我還經營著一間小餐廳的時候，白天總是站在吧檯裡邊沖咖啡、邊跟客人聊天；到了晚上，則是站在餐桌旁邊開著葡萄酒、邊跟客人分享故事。那段開店的歲月裡發生了很多事情、認識了很多好朋友，也讓我累積了形形色色的人生故事。

後來，店收了，但我把這個「和人們交流分享」的習慣保留下來，帶入接下來的人生裡。在我每天工作服務的客戶身上、在我輔導創業的個案身上，以及在我重返學校進修後，遇見的學長姐和師長身上，每一位生命中的貴人都為我帶來源源不絕的啟發，後來發生的故事也繼續累積至今，這就是我寫作的初衷。

我想做的，只是希望能夠透過分享，幫助身邊的人們更加肯定自己的價值。

我的上一份工作是專業的活動銷售顧問。每天會接受各種活動主辦單位的諮詢，試著了解他們舉辦活動的動機、需求、執行的現況，最後為他們提出能夠提升執行成果的建議。當時，我在個人臉書上持續記錄了一些工作的過程和心得，希望透過每個活動背後的故事，啟發鼓勵自己的朋友們，繼續朝他們的目標努力、並且堅持下去。

在這份熱愛的工作裡，我終於找到了進入職場二十多年後久違的熱情及成就感。原本以為可以就這樣一直經營下去的，沒想到一場突發而來的世紀疫情，殘忍打斷了夢想中從此過著幸福快樂日子的戲碼。

於是，我開始透過臉書粉絲專頁公開分享自己的經歷，名為「倒數六十天職場生存日記——上班族都該領悟的道理」，以日記形式記錄下自二〇二〇年五月一日至今，一件件發生在我身上的故事。從可能會失去工作的驚慌，到面臨人生動盪的迷惘，再到過程中的種種嘗試……隨著日記一篇篇累積，我竟開始經歷一段始料未及的神奇旅程。

就像一場真正的旅行一樣，說走就走、沒有任何目的、更缺乏精心籌備的計畫，這是一場四十五歲被迫啟動的壯遊。

希望我的日記，可以為同樣在職場或人生路上迷航的您帶來些許勇氣跟鼓勵！

第一章

倒數六十天，走在人生的低谷

每個故事都應該有個美麗的開始，
但很遺憾的，
我的事故在四十五歲時殘忍降臨，
讓毫無準備的自己措手不及……

倒數60天

你能想像自己四十五歲的模樣嗎？

照理來說，在工作了二十年後，至少該是五子登科的狀態吧！身邊有了妻子、生了孩子、買了房子、開著車子、也存了點銀子。沒錯，這就是四十五歲的我，所擁有的一切。

在看似平凡的人生背後，其實我也有著不為人知的過去以及苦澀。簡單地說：我換過不少工作、意氣風發過、也落寞失意過，曾勇敢地為實現夢想而創業過，更不爭氣地失敗負債過，最後才慢慢沉澱下來，成為現在的模樣，一個平凡的中年男子。

我人生最輝煌的時刻總是維持不了太久，總像那燦爛的煙火般稍縱即逝，所以我很喜歡用陶大偉唱的那首〈媽媽的話〉其中一段歌詞來催眠不成材的自己：「你不要羨慕那有錢的人／有錢的煩惱你一定聽聞／也不要追求那虛榮名聲／爬得愈高就跌得愈深」。

如同被狠毒的魔咒詛咒似的，每當好不容易有點小小的成就、生活稍微穩定一點的時候，就會突然面臨措手不及的變故，讓辛苦累積的一切重新歸零，無情的意外一再地降臨在我的人生裡。

我承認，自己心裡就像被裝了一個不知道何時會引爆的定時炸彈般，無時無刻不在透過滴滴答答的聲音提醒著我即將到來的危機。或許，這就是人們說的「中年危機」吧。

在二〇二〇年四月的最後一天，我收到了公司老闆以快速直球的方式、全力向我投來的挑戰：

> 受到COVID-19（新冠肺炎）的影響，公司已經快要撐不下去了！接下來兩個月，你只剩下六十天的時間做最後的努力，如果業績的表現還是沒有起色，就只能請你離開了！

走出會議室的那一刻，我的腦中一片空白。我想起了銀行戶頭裡為數不多的存款、還有二十九年才能繳清的千萬房貸、上週剛簽下的二十年保單、還有下個月超過六位數的信用卡帳單。等待了四十五歲又八個月的這一刻，藏在心裡的那顆未爆彈終於引爆，我只剩下六十天的時間了……

上班族都該領悟的道理

出來混的早晚要還，在職場上該面對的殘酷，遲早會降臨在自己身上。

倒數59天

昨夜我睡得不好，其實這些年來一直都睡得不好。

小時候我是個超級愛睡的孩子，沒有上課的日子我總是可以賴床到太陽晒屁股、午餐快涼了，才不甘願地起床。隨著年紀越大、責任越多，早忘了賴床的感覺是什麼，睡前的煩惱加上起床後的待辦事項，讓我養成了要靠酒精才能入睡的壞毛病。沒錯，我是個愛喝酒的中年男子，品酒這件事對我來說，就像是跟吃安眠藥沒兩樣的行為罷了。

憋不住心裡的苦，我一早跟老婆坦承了昨天老闆的最後通牒，她不解地望著我問說：「三個月前，你不是才幫公司創造了最高的業績，還受到他的鼓勵跟讚美嗎？」我跟《梨泰院 Class》裡的栗子頭主角一樣，無辜地摸了摸自己越來越少的頭髮，不知道該怎麼回答她犀利的問題。

幸好這世上壞事來臨的同時，總會伴隨著一些好事，例如隨之而來幾天的連休。不過一想到明年的今天，我可能就沒有勞動節的假可放了，心情不禁沉重了起來。我只剩下六十天可以努力，可是我的客戶們都在開心休假中，要三天後才會理我。

送完孩子上學，回到空蕩蕩的房子裡，我驕傲地看著自己努力打拚的成果，也擔心地想著接下來千萬貸款的著落。這時候手機的簡訊聲突然響起，原來是一週前腦波弱在臉書上訂購的「人生成功」套書到貨了！

付了一千三百多元，到樓下便利商店贖回了充滿希望的白色包裹。當初規格上寫著共十本書、字字珠璣、冊冊經典，可我抱在手裡，總覺得出乎意料地輕、薄、跟空虛。回家一拆差點沒昏倒，沒錯，我上當了！成了詐騙集團口中的肥羊，打開來看才發現這些書全部都是簡體字，而且有點像盜版書，紙質也非常差，十本書加起來大概是正常三本書的厚度而已。

想想也是，如果成功只要花一千多塊就買得到，那就不會有那麼多需要排隊領紓困救濟金的人了。

我有點氣憤，氣自己的無知、氣自己在這個節骨眼還莫名其妙花了這筆錢。看著這堆攤在地上的書，我突然有個想法——想寫本有意義的書、一本能夠激勵自己、幫助人們走出困境的書。接著，我決定把這六十天發生的事寫成日記、透過臉書粉絲專頁發布，完整並真實地分享出來。

這是一個四十五歲的男子，被宣告只剩下六十天工作機會的實境故事。我該如何面對接下來的日子？放手一搏？就此放棄？抑或是活出全新的人生？

雖然毫無把握，但我決定要正面迎戰，重新活出屬於自己的未來！

上班族都該領悟的道理

千萬別在別人的劇本裡入戲太深，要想辦法在自己的劇本裡全力演出。

倒數58天

逼逼逼逼、逼逼逼逼，清晨的鬧鐘響起，突然覺得鈴聲充滿了壓力。

我不是一個習慣早起的人，通常是因為宿醉、或是忍不住尿意才會離開溫暖又安全的被窩裡。寫出第一篇文章後，同情我遭遇的好友迅速幫我開通了全新的臉書粉絲專頁，一早起床，按讚的人數已超過了三百人！

揉了揉開始出現老花跟白內障的雙眼，我看到了更不可思議的數字，「觸及人數突破八千人」，此刻的感覺跟做夢沒兩樣，如果接下來工作業績的數字也能像這樣爆發成長就好了。

專業的事還是得交給專業的來，這是我深信不疑的一件事。不然這世上哪來那麼多分工、這麼多職業、這麼多種工作？可惜的是很多人都不信這一套，老闆們往往覺得收費高昂的專家都是另一種騙子，所以現在的就業市場上才會充斥著廉價的半調子工作者，二十年來的實質薪資不只沒有提升，還逐步倒退。

活了一把年紀早已明白自己當不成千里馬了，但至少轉念當個稱職的伯樂，除了創造雙贏、又能皆大歡喜。可惜這世界上充斥著平庸的管理者，公司組織裡「非專業管理專業」是常態，鮮少出現虛懷若谷的領導者。

週末的清晨，通常我會跟住在附近的同學一起運動，除了強迫自己鍛鍊軟爛的身體，也順便打打嘴砲、說說心裡的苦。到了集合地點，阿達開著他剛牽的白馬王子號出現了，那無瑕的潔白烤漆，完美地倒映我蒼白的臉龐。「幹，真的超帥的！」我羨慕地望著阿達，用力地大聲喊出那第一個字。

阿達跟我其實很有緣分，以前曾經在同一個大集團的總部上班，後來我們都選擇離開、各自打拚。唯一不同的是他比我爭氣多了，工作越換越好、賺的薪水是我的兩倍，雖然隨時都要回公司待命，但至少可以勇敢地買些自己喜歡的東西。不像我一樣，只能想辦法成為一位盡責的「付清」，至今依舊開著那部快要滿二十歲的老車，馳騁在前往大賣場的路上。

運動完回家的路上，在等待紅綠燈的時候，我看見了車窗外的一部老舊摩托車，媽媽後頭載著兩個小孩子，前頭小的還咬著奶嘴、後頭大的緊緊抱著妹妹。母親除了用毛毯包裹住、還裝了個架子保護著孩子們，一家人緊緊地靠在一起。車子裡頭冷氣很強，我想起了自己的孩子們，不知道接下來該如何守護他們，臉頰上不爭氣地滴下了分不清是汗還是淚的東西……

上班族都該領悟的道理

每個人都有值得用生命守護的對象，可能是家人、愛人、或朋友……但永遠不會是你朝夕相處的工作。

倒數57天

你有沒有就算再認真、還是沒有辦法搞定的事情？

我有，就是我正在做的事情。

連假的最後一天清晨，我來到了松山運動中心的鯨魚池，吸了一大口氣後跳進五公尺深的水裡，面對軟弱的自己。

從小，我就是個不諳水性的旱鴨子，放假時常常被父母帶去游泳池、欣賞別人英姿煥發的泳姿。我下定決心學會游泳是在剛退伍、初出社會那年的暑假，當時壓根不知道自己想做什麼、能做什麼？趁剛退伍體能狀態還不錯，就每天到游泳池報到，從最基本的蛙式開始試起，五公尺、十公尺、二十五公尺、一直到能夠一口氣游完兩百五十公尺為止。我還是有點怕水，但至少不會馬上淹死了。

後來，我順利找到人生第一份工作。工作了幾年，我結了婚、買了一間在山上的小房子，社區裡有個溫泉會館、裡頭有個感覺挺氣派的游泳池，每天下班後我總會直接去泡個溫泉、順便游個幾分鐘。

有一天，我衝動下決定參加鐵人三項的比賽。聽說游蛙式除了速度不夠快，對之後的騎車跟跑步也沒太大的幫助，所以我買了本游泳的書，決定練會自由式。第一週我每天都有溺水的恐懼，後來實在受不了，整整休息了一星期後，我才鼓起勇氣重新走進游泳池，原因很簡單：比賽快到了！

一樣是從五公尺、十公尺、二十五公尺、一直到能夠一口氣游完兩百五十公尺為止，後來我練到可以用自由式游完一千公尺，就去參加第一次的鐵人三項比賽了。好笑的是，下水後由於緊張，加上開放式水域幾乎看不見水裡，我幾乎都是用蛙式游完的，那年我靠著薄弱的意志力，學會了游得很慢的自由式，但結果我又變得怕水了，一閉上眼睛就會想起在不見五指的水裡搏鬥的恐懼。

後來我陸續參加了幾場鐵人三項的挑戰賽，有順利完成的、也有失敗的，一直到現在我游得還是很慢，還是每次都得要面對下水的恐懼。四十五歲的我游了二十年，還是沒有搞定。

在臉書上連載文章後，我開始收到一些熱情的留言，其中有人建議我要爭取失業補助的權益，這讓我想起一些不願回首的往事。其實我申請過，而且還不只一次。

第一次領失業救助金時我三十五歲，離開待了快十年的電子業，當時想要創業，便趁公司調整人事時自願離職、領了一小筆優退金，那筆錢在後來的金融海嘯中滅頂，我也領滿了人生初次的六個月失業補助，那時我沒什麼感覺，只荒唐度日。

第二次領失業救助金是在幾年前，當時工作的公司因為週轉不靈、無預警地通知我離開，那次我只領了兩個月，就幸運地找到現在這份工作，沒領足的四個月變成五〇%的激勵金進到了我的戶頭，我把那筆錢貢獻給家裡，繳了孩子們的保險費。

俗話說事不過三。我壓根沒想過會有再一次的情況降臨，不過人生就是這樣，總是不照你想好的幸福劇本演出。不過這一次，真的不想厚著臉皮再次走進就業服務處裡了，我承認自己臉皮越來越薄，雖然這些年已經學會彎腰了，但如果可以選擇的話，我希望把機會留給真正需要的人。

水裡寂靜無聲，我邊游邊想起這些遺忘已久的往事，伴隨著自己的喘息聲和心跳聲。

四十五歲的我，其實沒比二十五歲的自己進步多少，游得一樣慢、工作得一樣艱辛，還是有一堆沒法搞定的事。**唯一慶幸的是至少到現在為止，我還在誠實地面對自己，從來沒有放棄過希望。**或許就在將來的某一刻，我也能像游在前頭的那個女生一樣，用標準的姿勢、迷人的體態、游得又快又美，像個美人魚一樣自在優雅！

休息了三天，明天起我要重新回到工作崗位，為自己努力。

上班族都該領悟的道理

你唯一能做的，就是勇敢地面對。

倒數56天

部門裡年紀最小的N決定做到明天，中午我請全部門的同事們吃飯、一起送她。

對我來說，做主管跟當父親其實沒什麼兩樣。女兒生下來後，你得負起責任，用心照顧她、陪伴她、鼓勵她，陪著她長大、希望她成為一個有出息的人。我一直都是這樣對待部屬，可惜自己很少遇見這樣有緣的主管。

N從中部上來台北闖蕩，夢想是成為Youtuber，白天當認真的上班族，晚上回到租的小窩裡搖身變成一位夢想家，就這樣拚了好一陣子。無奈運氣真的不好，連著幾個工作都遇見經營不善的老闆，賺不了幾個錢，也學不到什麼新東西。

過年前我找她來面試，聽完她的遭遇後說：「來這邊一起闖闖吧，我應該可以教你一些東西！」於是她離開了上一份在旅遊業的客服工作，加入我小小的團隊。疫情剛開始爆發時，她開心地跑來跟我說：「還好我離開了，原本的公司開始裁員，以前的同事都沒工作了。」

我淡淡地拍拍她的肩膀說：「你要更加努力，疫情才正要來臨！」

N後來拚了命開發客戶，也順利成交了幾筆訂單，無奈如今的局勢就像是在退潮的海邊拚命地想往岸上游一般，明明已經看見了沙灘，卻怎麼游都游不回來。

N提出離職時，我沒有多說什麼，問了她的下一步計畫、同意她的離職申請，然後像個不捨女兒即將出嫁的老爸一樣，對著她講了一堆交代跟叮嚀的話。我希望她能聽得進去，因為從來都沒有人會在我離職前跟我交代心裡的話，過去沒有、未來應該也不會有。

心裡感覺有點痛，對於N的突然離開、還有這頓聚餐的費用。當主管的三不五時就是要面對這種突如其來的開銷，沒法報帳、只能從自己破舊的西裝口袋裡撈，看著大夥兒吃得開心的模樣，我暗暗祈禱：「接下來別再有人離開了！」

吃飽飯後，突然覺得虛弱想睡，我沒有午睡的習慣，應該是早上五點就起床寫文章的關係。雖然不想承認自己漸漸衰老，但總會有一些事情不斷提醒你這個殘酷的事實，例如日漸下降的體力、過目即忘的記性、還有打了半天卻再也找不到的草稿。

昨天夜裡，我花了大約兩個小時的時間寫完了文章，就在準備按下儲存時，一整篇內容突然間從電腦上不見了！除了心跳加快、手心顫抖、血壓升高的生理反應之外，心裡更是充滿了懊惱跟無助。

我花了整整半小時在網路上爬文、打給熟悉電腦的朋友求救，直到再也承受不住沉重的眼皮跟陣陣襲來的睡意，終於決定投降。因為這個突如其來的意外，除了一早部門要開會的資料完全沒準備，就連準備分享的文章也宣告不治。

「你看能不能趁著腦子還熱著再寫一篇。」從粉專成立之初就陪著我、被我視如經紀人的好友溫柔地在LINE上安慰我。可是我真的完全想不起來剛剛寫了什麼啊！沒錯，這就是初老的徵兆，到了人生某個階段就必須接受的沉痛。

清晨五點起床後，我決定忘掉昨天的一切，重新寫了一篇全新的文章。我領悟到了幾件珍貴的事情：**草稿要打在記事本裡、別花太多時間惋惜、還有從頭開始並沒有想像中困難。**

希望N也能像我一樣，記得這段時間學會的事，忘掉這段時間發生的遺憾，重新拾回自己的夢想，勇敢地再次出發。

祝福你，未來成為一個令人驕傲的Youtuber！

上班族都該領悟的道理

砍掉重練很痛，但現在不痛以後會更痛。

倒數55天

耐不住老婆跟孩子們的苦苦哀求，我站在新開幕的肯德基門口排隊，前面跟後頭都是長得跟我差不多平凡、一樣穿著短褲的中年男子。

一直以來，我最討厭的事就是排隊，無論是在大賣場結帳、或是搶購限時限量的特價商品，每回遠遠看見滿滿的人潮，我的血壓就會莫名地瞬間飆高。印象最深的一次是在好多年前，大家還在瘋 iPhone 的時候，我每天一大早起床到電信門市排隊占位子，就為了買台貴得半死的手機送給老婆大人，那次我整整排了一個多星期才搶到一台。

唯獨在職場上，我願意乖乖認分地排隊等候。你問我為什麼？應該就是為了「倫理」兩個字吧！

我們五、六年級生最大的優點之一，是還讀過一些沒用的書、受過一些高壓又制式的教育，那讓我們變成了沒太多想法、乖乖接受體制跟規範的人。正值電子業起飛的年代，畢業後進入大公司，從生產線的專員開始幹起，只要認真地幹，隔個幾年就能變成小主管、再隔個幾年就能晉升為管理階層。就像地殼變動時隆起的火山一樣，原本埋在地裡面的自己慢慢地被往上推升，夾在中間成了夾心層，而那種對上跟對下的相對關係就叫做倫理。簡單說就是：等上面那層空了，你才有往上遞補的機會。

隨著時代變遷、教育改革、產業變更、世代交替，我們心中的倫理慢慢變成了道理，而且是說不清的道理。乖乖排隊等候了大半輩子的我們，突然間見到一群憤怒青年們破門而入、搶著卡位，於是長江後浪推前浪，前浪死在沙灘上。

後頭的阿伯拍了拍我的肩膀：「欸，換你了啊！」

我緊緊握著手裡的鈔票、望了望四周，還好沒有人衝過來插隊。

中午時，我約了一個資深的獵人頭前輩一起吃飯，跟他請教求職的事情，找工作這事我一直很不在行，從年輕到現在從沒輕鬆搞定過。前輩沒耐心聽完我的呈堂證供，就開始滔滔不絕地分析起我的案情，雖然並不單純，不過他說的幾乎都是真相。

前輩建議我開始積極找新的工作機會，**別寄託過多的情感在現在的團隊跟公司上**。「企業無情、人才不忠」，雖然我自認從來不是個人才，但也不想被戴上個不忠不義的名號，問了些低調找工作的方法，除了保護自己，也不希望牽連自己的團隊。

跟前輩道謝揮別，回到氣氛不怎麼好的辦公室。今天下午異常忙碌，我像隻臨老入花叢的花蝴蝶般、奮力飛翔在各個會議室裡，討論不同的專案、報價、提案，還跟老闆一起開了個重要的線上會議。會議結束後他看著我說：「我覺得你們團隊很適合做大客戶的重要生意。」

我對他比了個讚，說：「當然，因為我們都很認真，而且很優秀！」

陪著N一起辦妥了離職交接跟手續，請她教我怎麼用Youtube訂閱她的頻道。N是我在這個公司第一個送走的部屬，之前離開的全都是其他部門的同事、還有我自己的主管。對每一位要離開的同事，我會單獨邀請他們吃頓飯，除了謝謝他們對我的協助跟照顧，也祝福他們離開後順利、平安。

「一期一會」，至今吃過的每一餐我都記得，聽完他們離開的理由，我總會暗自在心裡頭替他們鬆口氣。至少他們不必再繼續委屈下去，在這個早已失去倫理跟尊重的戲棚下。

上班族都該領悟的道理

戲棚下待久了、忍夠了，也不一定輪得到你。

倒數54天

一早，在睡夢中被雨聲吵醒，真的很大很大、用倒下來的那種雨，每次碰到這種雨我都覺得像是變魔術一樣。天上明明什麼都沒有，竟然能變出這麼多的水！我們的人生也是一樣，明明一開始什麼都沒有，卻總是能突然跑出來這麼多煩惱。

前天經過會議室時，我聞到一股濃濃的酒味，伸頭看了看，原來是部門裡最帥的阿弟仔坐在裡頭。他皺著眉頭看著筆電，打了幾個字、停了一會兒、又繼續打了幾個字。我什麼都沒問，也沒有開門走進去，就讓他這樣搞了一整個下午。

阿弟仔是個南部小孩，從小就很會讀書，有點小聰明那種。念大學的時候不知道哪根筋壞掉，突然跑回家跟媽媽說不想念了，然後就回學校辦了休學，開始打起了工。就這樣熱血地搞了好幾年、換過幾份工作，雖然賺得不多，不過在南部的生活倒還過得去。後來發生了一些事，他決定到台北來闖闖，結果第一個月就遇到公司倒閉，後來找的工作又被一群老鳥霸凌，正當走投無路、準備投降撤退回南部的時候，遇見了一個看起來還挺可靠、年齡大約四十五歲的老傢伙叫他再賭最後一把！只是沒想到才剛進公司，又遇到了這場疫情。

想起我剛進公司的時候，口袋裡一個客戶都沒有。也因為這樣，公司只願意用比阿弟仔還低的薪水僱用我，我永遠記得當時那種徬徨無助的感覺。就像是直銷或是保險業務員一樣，我只能從身邊的人脈跑起，像隻鸚鵡般每天重複介紹公司的產品、推銷自己的服務。第一個月我一筆生意都沒談成，真的很想死，還好當時我的主管沒有趕我走、給了我繼續努力的機會，好不容易在第二個月底終於成交了第一筆訂單，之後慢慢地越做越好。我至今忘不了那種刻骨銘心的壓力，所以總願意給正在努力的人多些機會。

每次下雨，我都會想到以前老婆懷第二胎時，每天騎摩托車上班的歲月，那段時間為了省錢，我每天都騎著那台陪著老婆嫁過來、修了再修、外殼用膠帶貼滿的摩托車，通勤一個小時上班。經歷春夏秋冬完整的一年，體會了四季的變化，歷經了殘酷的在職學習後，我認為自己做好準備了，勇敢地辭職創業，最後轟轟烈烈地以失敗收場。我不喜歡回憶那段失敗的往事，所以現在都坐捷運、搭公車上班。

阿弟仔鼓起勇氣請我幫他看看提案的簡報，因為下午就要去客戶那兒定生死了。我認真地看完聽完，坦白說還行。不過少了一些關鍵的東西，就像是第一次約會時精心準備的小禮物一樣，那才能打動客戶的心。我總喜歡用把妹的例子跟阿弟仔說明，因為他除了秒懂，更能延伸出很多的花招，他是個聰明的孩子。

在出門見客戶前，阿弟仔用告解的眼神向我坦誠了一切：那天他因為想不出來今天提案簡報的梗，上班的時候把自己關在會議室裡，一個人邊想邊喝，不小心喝過頭，乾掉了一整瓶威士忌，最後才坐捷運回租屋處。我笑笑對他說：「我早就知道，整個味道都飄出來了。」

交代他一定要小心騎車、記得回報好消息後，我送走了穿著一身潔白襯衫、人模人樣的阿弟仔，心裡默默祝福他能夠順利簽下這張訂單，因為他比我還要危險，離這個月底試用期屆滿，他只剩下二十四天可以努力了。

我覺得聰明的阿弟仔只要繼續努力下去，將來一定能夠成為一位好業務，至少是比我成功的那種。不過他得先通過眼前這道關卡才行。

人生中總是充滿了大大小小的不同挑戰，每道關卡都有其存在的意義跟目的。就像打電動一樣，你得先耐著性子，把每一關的魔王都打敗後，才能欣賞到最後精彩的破關畫面！

上班族都該領悟的道理

從〇到一很不容易，一到一〇〇更要拚命。

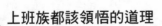

倒數53天

一晃眼已經過了七天。採用東方民俗的說法叫做頭七，用西方的故事來寫則是創世紀的第七日。

一週前的現在，我在幹麼？想都不用想，肯定在睡覺。只有那些睡不著的老人、宿醉頭痛的人、還有根本還沒去睡的人才會在清晨五點醒著，沒想到後來又多了一種人：像此刻的我一樣、想要改變人生的人。

學管理出身的我，其實做過一段時間的行銷工作，有兼職、也有專職。我發現做行銷其實跟在工廠打雜沒什麼兩樣，什麼事都得幹，最大的不同是行銷工作可以看看外頭的世界，欣賞市場上正在發生的新鮮事，還有每天都在想一堆聽起來不一樣，但骨子裡明明一模一樣的餿主意。就像是：七天、頭七、跟創世紀的第七日。在社群小編還沒有那麼紅的年代，其實就有不少像我一樣被關在辦公室裡的品牌老編，每天辛苦地過著燃燒腦漿、揮霍創意的日子。

後來因緣際會當起了業務後，我才發現業務本質上還是在做行銷幹的事情，該做的一樣不少，只是多了看人眼色的技能，扛起了永遠達不到的業績，披上西裝外套、穿起皮鞋——我成了披著業務皮的行銷。帶著心裡的疑惑，每天繼續在外頭跑著，直到有天我在一篇網路文章裡，看到了這段話：

「一個好的行銷，通常也會是一個不差的業務；但一個好的業務，就不一定能是一個不差的行銷。」

想了想這些年來碰到的鳥事，那些好笑到讓人心灰意冷的蠢事，我很想寫封信，建議作者把這段話改成：

「一個好的業務，通常也會是一個不差的行銷；但一個很爛的行銷，絕對會是一個很糟糕的業務。」

就像我前面說的，看起來雖然有點不一樣，骨子裡其實一模一樣。

主修管理的不幸人們都知道，咱們樣樣都學、項項都懂，但每樣都不精通。也因為這樣，同班同學畢業後都各自選擇一項最感興趣的工作領域發展。「產、銷、人、發、財，條條大路都可以通往成功的康莊大道！」在畢業典禮上系主任對著應屆畢業的我們講的這番話，就如同昨日歷歷。可大學畢業至今努力超過二十多個年頭的我依舊一事無成，從來沒臉回母校參加感恩餐會，我擔心在餐會上酒過三巡後，見著了系主任，會忍不住勸他以後別再講類似唬爛的話給天真的年輕人聽了！

想起了母校，就想起了同學，我那些曾經交情不錯的同學，不知道現在過得好不好？畢業後大夥各自分飛，各忙各的，不知不覺中已步入了中年，更準備迎向老年。

前兩天在新聞裡看見製鞋大廠裁員的新聞，我們班上的資優生老皮一畢業就進了那間大公司，這些年來辛苦地派駐在外成了最高管理階層，每回看他的臉書都誤以為是在看東南亞皇室的新聞稿，這回，希望他能安然度過。還有幾位在中國發展的老同學也都是一樣，很久沒消息了，祝福他們一切都好。

不爭氣其實也有點好處，就是不高不低的，摔下來只是有點痛、死不了人，我又想起了陶大偉唱的那首歌，想起了媽媽每回見著我就會重複叮嚀的話：

「還好媽媽不靠你養，你就好好工作、顧好自己的家人，認分一點，好好過日子就行了。」

我承認，自己除了這些年來從沒拿過一毛錢回家，還總在過不去時跟媽媽要錢周轉。母子連心，我總相信媽媽明白我的苦，以及那些說不出口的委屈、恐懼、無奈。

阿弟仔皺著眉頭跟我報告昨天提案的結果：客戶要求更進一步的數據資料、更精準的使用者輪廓，以及提出明確的成效預估。

對我來說，這個問題就像是客人到路邊的水果店，對著老闆說：「這顆鳳梨甜不甜？買的人都是哪些人？每天可以賣掉多少？吃了以後會帶來多少熱量？能拉出多少纖維質？」而我只能笑笑對著客人說：「您手上拿的這顆鳳梨是最新的『甜蜜蜜』改良品種，除了果肉鮮美、纖維細緻外，維生素C的含量更是其他品種的一．五倍、具有養顏美容的神奇效果！」我們只是一間小小的水果攤，沒有錢取得SGS的檢驗報告，也沒有具備ＡＩ大數據分析功能的收銀機。客人的問題沒有錯，只是我們要想辦法用另一種方式回答，滿足客戶提出的需求。

阿弟仔似懂非懂，苦笑著對我說：「那我再想想怎麼回答客人好了。」這次我沒用到把妹的例子，希望這個聰明的孩子真的能懂。

如果業務是賣水果跟收錢的第一線店員，那麼行銷就是在第二線負責跟產地接洽、進貨、整理、製作精美海報的後勤同仁。而老闆，當然就是那個站在店門口看著外頭車潮，估算著店內人潮，觀察著每種水果的銷售狀況，盤算著明天要怎麼調整進貨、店裡水果的擺法，遇到懷疑鳳梨不夠甜的主婦就慷慨地拿出其實已經快要過期的樣品請她吃的傢伙。做生意的方法很多，條條大路都可通往成交的大道！

嫌貨才是買貨人。如果遇到奧客就什麼都不說、什麼都不做，那就永遠只能做街坊鄰居的小生意，就這樣繼續開家生意不好不壞的路邊水果攤，其實也沒有什麼不好的。問題是在店裡頭工作的你，就此滿足了嗎？

四十五歲的我，在心裡頭吶喊著、對著空無一人的水果攤說出了心裡的話。無論是七天、頭七、還是創世紀的第七日，本質其實相同，只是個拿來溝通的話語罷了。我們或許沒有辦法直接回答客戶的問題、解決客戶的需求，但至少該盡力思考，別只是兩手一攤、驕傲自大地不做出任何回應。當客人都跑光了，我們應該很快也會離開了。

上班族都該領悟的道理

能說出口的，都不是真的苦。

倒數52天

我很喜歡欣賞手沖咖啡時，咖啡粉末在悶蒸過程中慢慢吸入熱水、緩緩脹起的模樣，當膨脹抵達極限，咖啡的香氣破口而出時，我總會覺得人生依舊充滿了希望，生命經過淬鍊後總會帶來美妙的滋味。

昨天我在公司附近一間不起眼的咖啡店裡，買了包一磅重的咖啡豆，花了兩百五十元。每次使用十五公克，可以泡出三十杯三百毫升的咖啡，如果加上濾紙的成本，每天喝的一杯咖啡大概要花十塊錢左右。真的很忙或是懶得泡的時候，就到隨處可見的便利商店買杯二十五元的小美式替代，至於星巴克對我來說是談生意的地方，我總是心甘情願花錢買吹冷氣跟使用網路的權利。

以前幹內勤時，只要有出去洽公的機會總是會偷偷地開心，就像是放了個天上掉下來的假一樣。當時我超羨慕那些天天往外跑、一週總是見不著幾次面的業務們。「哪來那麼多客戶，他們一定是偷偷跑去爽了！」我心裡老是幻想著在上班時間躲在沒什麼人的電影院裡頭，爽爽看著剛上映的院線片、開心吃著爆米花的他們。人總是生而不平等，相比坐擁高薪、光鮮亮麗、開著名車出入公司的業務們，我總是躲在會議室一隅，默默欣賞他們身上的名牌配件、還有那抬頭挺胸的模樣，記得那年我快要三十歲。

後來我真的成了業務後，才發現那些曾經在腦海裡幻想的一切，都不是真的。就像是你我身邊那些看起來總是穿得「趴哩趴哩」、熱情洋溢的大老闆一樣，外人永遠不會知道他們的壓力到底有多大，口袋裡的現金還剩下多少，就如同那緩緩吸水脹起的咖啡粉末般，下一秒可能就會瞬間破掉，那滋味一點都不美妙，就像烘過頭早已燒焦的咖啡一樣，只剩下無盡的苦澀。

我待過的大公司不少，公司大有個好處，就是制度健全、該給的一樣不少，只要是有名目的費用通常都可以順利申請。不像一些私人企業，所謂的制度就是主管跟老闆的心情，就像在家裡小孩早就習慣了觀察我的臉色過生活，一家人開心出門逛街的時候是買東西的最佳時機，看見老爸一個人喝悶酒的時候最好乖乖躲進房裡念書。小孩子有點可憐，在小公司裡努力生存的我們其實也好不到哪去。

部門裡的同事鮮菇，也是從大媒體集團出來的，總愛跟我抬槓、聊那些做生意的眉眉角角，她十八歲不到就出了社會，嘗盡了無情社會的冷暖，是個腰桿子柔軟、深諳人情世故的資深業務。每回她跑來找我討論問題，我總會帶著深深的歉意，因為我很少能夠幫她解決那些事，像是：交際費、公關費、還有客戶要求的回佣。我曾經試著跟上頭溝通，但總是沒獲得具體的回答。這種感覺就像女兒前幾天吃完飯突然跟我說想要台最新的 iPhone，我只能微笑看著她、沉默不語。

前陣子因為疫情居家工作，幾個禮拜後大夥兒才回到辦公司，同仁們一見面就紛紛大吐苦水、大談在外頭工作的心酸。那些又貴又難喝的咖啡其實一直都在，上班時間在外頭跑其實一點都不爽，因為做每樣事都要花錢，而且是花自己口袋裡的薪水。若你問我業務不是都有獎金可以領嗎？拜託，不是每個案子都會有錢可以領好嗎！除了要先扣掉成本，更要達到業績目標。那些好不容易才領到的獎金扣掉在外奔波的花費，沒法報帳的伴手禮物，還有重要客戶的婚喪喜慶禮金後，你總會有種白忙一場的感慨。

今天下午，鮮菇約了個可以幫我們介紹生意的大哥，大家找了間咖啡廳聊了一下，離開的時候我隨手付了帳單。

長相甜美的服務生說：「一共七百八十元，需要統編嗎？」

我愣了一下，回答她說：「不用，謝謝！」

因為記性不好，我老早就忘了公司的統編，反正就算記得了也不能報帳，所以沒什麼損失。我珍惜地把剛拿到的統一發票收進皮夾裡，祈禱能夠對中下個月的大獎，除了一次解決我的問題，更讓我能好好體驗人生美妙的滋味。

上班族都該領悟的道理

酸甜苦澀，才是工作的真正滋味。

倒數51天

「對我來說婚姻是錯覺，是我的束縛，是我安定生活的基礎。」

韓劇《夫妻的世界》裡，女主角緩緩地對出軌的丈夫說出了心裡的話。對現實生活裡的我來說，工作也差不多是如此。

四十五歲的我，曾經有過穩定的工作，在人人稱羨的上市上櫃公司工作了很多年，學會了在龐大的組織、複雜的人事裡生存的一些道理。沒想到後來才發現越小的公司越難搞，有人的地方就有江湖，而越小的井裡是非越多，還多到無法想像。

以前，我的父親隻身來台，沒受過任何教育；我的母親當年是個克勤克儉的客家妹，為了養活家裡不斷出生的弟妹們，國小畢業後就離開了家鄉。兩個人在異地相逢，交織出動人的火花，談了一段轟轟烈烈的愛情，製造出一個現在已經四十五歲的中年男子。

從小，父母就對獨生的我寄與厚望，總是交代我一定要好好讀書，長大後找份好工作，才能出人頭地。我是個乖孩子，從沒讓他們擔心過，一直安定地走在升學、就業的軌道上，直到我想不開離開了大公司的安穩工作。你問我為什麼要幹這蠢事？其實就跟大部分出軌的原因一樣，因為生活太無聊了，單純想找點刺激罷了。

「瑞凡，我們回不去了！」這句話在幾年前造成一股轟動不是沒原因的，因為太多人都有過類似刻骨銘心的痛。感情上如此，工作上也是。

這世界上發生的事並不新鮮，連續劇裡演的其實都是真的，只是我們不習慣去承認那是自己的故事，只能每天看著相同的劇情不斷上演，祈禱著能夠有不同的結局發生。

人生如戲、戲如人生，專心看戲的是傻子，認真演戲的是瘋子。我還有五十一天的戲要演，這回希望好心的編劇能夠賞我一個幸福、美滿的精彩大結局。

上班族都該領悟的道理

像空氣一樣，像水一樣，沒有了就活不下去，那是愛，絕對不是你的工作。

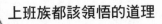

倒數50天

二十三歲那年，我去了外島當兵，在十二月冷冽透骨的海風中，我體驗到了人生第一次的霸凌。不是我臭屁，關於「被欺負」這件事我可真的是行家，這些年來，從沒有斷過。

從小我就是個單純又善良的孩子，天真到就連有一天被車撞了、被送到醫院，肇事者要賠償醫藥費，我還笑著搖搖手說：「不用，老師說不能拿不該拿的東西。」連護士都擔心地看著我說：「這孩子的腦子是不是被撞壞了？」

在獨生子的世界，一切都是獨享的，無論是父母的愛、玩具、還有你看得到的全部東西。也因為如此，我們養成了不與人爭、不跟人搶的性格，安全地活在自己的城堡裡，直到有一天走進了外面的森林，開始面對那弱肉強食的世界，才發現就連保護好自己都是件不容易的事。在距離台灣一百一十四海里的小島上，我嘗到了人生第一次的不講道理、第一次的心理恐懼、第一次的委屈跟無奈。

欺負我的老兵們，總會莫名地把我的棉被拖下床、丟在滿是泥濘的路上，還曾趁我返台休假時，撬開抽屜把裡頭的東西統統丟光，那裡頭有我鍾愛的CD隨身聽、女友寫給我的信、父母交給我的平安符。我從快樂的天堂突然間掉落到無間的地獄裡，經歷殘酷的現實社會後，我強迫自己接受了那永無止境的苦難，還驕傲地連一滴眼淚都沒流。我的腦子可能真的被撞壞了，在小時候的那場車禍裡。

在外島當過兵的都知道，只要在路上看見指揮官的小車，就得立刻原地立正敬禮、直到目送長官離開為止。我曾親眼目睹疾駛的小車在眼前停下，當場帶走沒按規定敬禮的阿兵哥，更曾在心裡咒罵那些肩上掛著星星的將領，永世都沒法獲得我們打從心裡的尊敬。那年，我第一次體驗到了迂腐的權力是怎麼一回事。

好不容易挨過兩年，撐到退伍的日子到來。終於回到了台灣本島，我以應屆畢業生的身分找到了第一份工作，展開全新的人生後，我才發現——**職場上的霸凌更是無所不在。**

老兵們常說：「俺嘗過的鹽比你吃過的飯還多。」我工作至今遇過的主管多到數不清，其中有些是受人尊敬的好主管，但絕大部分都是令人不齒的壞主管，就像是從淘寶網買來的廉價商品一樣，看起來很牛、挺靠譜，但一用就壞了。

你問我好主管跟壞主管的差異在哪？其實就像好父母跟壞父母的差別一樣，永遠把孩子放在心上的通常都是好父母。總是把自己的利益擺在最前頭的，絕對是不折不扣的爛主管。在職場上的每一天都是「日頭赤焱焱，隨人顧性命」，沒事幹的主管們就像老兵一樣，總是兩手插著口袋在營區裡閒晃、挑剔東挑剔西的，動不動就拿那些連自己都說不清楚的道理來指正你。

我常想如果有一天，當所有人學會尊重彼此，老兵不再霸凌菜鳥、主管不再霸凌部屬，我們就能夠把力氣花在那些真正重要的事情上，認真培養出更好的下一代，帶著正確的思想、健康的心態生活。

身為一個不上不下的三明治夾心主管，透過這些年來被霸凌的經驗，我學會了一個簡單的道理：無論是父母或是主管，**想要獲得子女或是部屬真正的尊重，就得先從自己好好尊重每一個人開始**。所以我把每位同仁都放在心裡最重要的那個位置上，就像是自己的子女般、用心對待。

你的部屬不是你的部屬，他只是剛好在你的部門裡工作、順從主管的管理、領著公司發的薪水而已。你的部屬不是屬於你的部屬。他只屬於他自己，是獨一無二的存在。

上班族都該領悟的道理

你的部屬不是你的部屬。

倒數49天

根據我個人長期觀察的結果，在社群媒體上最受人們歡迎的三大內容主題依序為：吃喝玩樂誌、帥哥美女圖、大神的有料分享文。這個結果跟真實人生其實很像，那些老是像蒼蠅般錦上添花的傢伙，永遠比默默低頭在雪中送炭的好人來得多，而且多很多。

我工作至今認識的成功人士不少。每回受邀參加他們的慶功宴、開幕酒會、或是隨便找個名目舉辦的活動時，心中總是充滿羨慕又嫉妒的矛盾心情。我會恣意欣賞那些代表主人列隊歡迎、從室內一路整齊排到門口、甚至滿到電梯口的花盆植栽，擺在現場的每份賀禮，都象徵著一位令人敬畏的達官貴人，而通常被擺在最顯眼位置的，都是最了不起的大人物。

在開心的場合裡，大夥兒總是舉著酒杯、開開心心地高談闊論，誰最近又簽了啥大案子、誰近來又搞了啥大生意之類的。若是有人突然當著大家的面大聲喊說：「我的公司快不行了，有人可以幫幫我嗎？」我相信全場應該會沉默個五秒鐘左右，接著一哄而散，誰都不希望被瘟神纏上，尤其是那些忙著賺錢的生意人們。

這段時間實在缺業績，我硬著頭皮聯絡一些曾經接觸、或是持續有在交流的客戶們，可惜大家手上的預算都被凍住了，只能等待疫情融冰、期待市場好轉。因為大夥兒都不好過，聊起來格外覺得親切，甚至還一起構思出了些新的合作模式，危機就是轉機、天無絕人之路，在掙扎求生的過程裡，我再次體悟到了這個寶貴的道理。

五月過了三分之一，部門同仁們透過新的商務模式創造的營收，也剛好突破了公司要求的三三%業績目標。我們還有希望，千萬別輕言放棄——在一早的部門會議裡，我大聲地向每一位夥伴打氣。他們很給力地沒有一哄而散，因為我們是此時此刻的生命共同體，住在同一個虛擬的負壓隔離加護病房裡，共同期盼著奇蹟的發生。

從文章刊登到網路上的第一天開始，我陸續收到來自不同讀者的鼓勵，我想我會永遠記住這些雪中送炭的感動。「人生路上死不了人的，都是擦傷。」不是嗎？

上班族都該領悟的道理

貴人就是，在你跪著的時候，幸運遇見的人。

倒數48天

聽說每個人都會有祕密，我自己身上的不多，但從同事們那兒看見的、聽到的，還真的不少。我們少得可憐的薪水有時象徵的不只是遮羞費，更是封口費。

剛出社會很菜的時候，我最喜歡晃到廠區裡擺著自動販賣機的角落，那兒老是聚滿了正在抽菸的前輩們，不抽菸的我總會買罐十元的雜牌飲料，默默聽著他們的對話。雖然當時的我只是個微不足道的小角色，不過對於工廠裡正在發生的一切，可真的是瞭若指掌。跟我同個辦公室的阿姨們，總猜不透我哪來那麼多內線消息，以為我一定是什麼皇親國戚來著！但我真的是個平凡的小伙子，只是喜歡喝飲料罷了。

換了新工作後，偌大的廠區變成了氣派的辦公大樓，我在頂樓找到了熟悉的自動販賣機，繼續趁著休息喝飲料的時候，認識其他部門的新朋友、聽些正在發生的精彩事。我發現辦公室的女生們都不愛上頂樓，她們喜歡聚在茶水間裡，小聲討論著剛剛在電腦裡上演的宮廷劇，哪個主管又出賣了誰、哪位同事又惹毛了誰。

看著手機裡不同ＬＩＮＥ群組累積的九九九＋未讀訊息，我有點懷念那個廠區的角落、氣派大樓的樓頂、還有三樓祕密的茶水間。

有一次我老婆買了顆水蜜桃，切開來時才發現裡頭躲了隻肥滋滋的大蟲，嚇得她好一陣子不敢上菜市場。職場中不可告人的祕密就像那隻噁心的肥蟲一樣，默默躲藏在甜美包裹的假象中，直到被不小心剖開的那一剎那，總嚇得人措手不及。

又大又美的水蜜桃很貴，身為平凡老百姓的我們不常買，所以只是偶爾被嚇到而已，但對於達官貴人而言，水蜜桃跟柳丁沒什麼兩樣，況且還有傭人幫忙切，對於那些醜陋早就見怪不怪。只要把有蟲的地方去除，剩下的部分一樣很甜！不像你我傻傻地把整顆丟棄，他們總會聰明地吸吮著那肥美的汁液，直到一滴不剩為止。

幾年前，曾經有個財務同事在受了老闆莫名其妙的責罵後，跑來跟我說：「總經理真是個混蛋！他常常會隨便掰個名目，寫個獎金的簽呈自己簽好，然後跑來跟我領錢，每回都是一個員工整月的薪水，然後繼續處心積慮地逼走那些年資超過二十年的老員工。」自此之後，我看到總經理時，總覺得像撞見偷走了自己薪水的小偷。後來，我也被他逼著離開了那家公司。

也曾有一次，當時的助理桃子很生氣地傳了個全公司的獎金表給我看，她氣的是她的姐妹、另一個部門的助理領得比她還要多，更生氣光是總經理一個人領的、就比全公司的人加起來還要多！我問她哪兒找來這份機密資料的？她忿忿不平地說在公司裡早傳開了，就在她們那個由各部門助理組成的「地下主管」群組裡。後來桃子沒做多久就走了，總經理一年後也默默地消失了。

印象最深的，是在我離開了股票上市櫃公司後很久，有一天從認識的業務口中聽到：當初一位我很敬仰的副總手腳不乾淨，帶著下頭的人集體舞弊、收廠商的回扣，那可不是區區幾十萬的事，而是好幾百萬、好幾千萬的規模！我常在頂樓喝飲料時遇見副總，還請過他一瓶十元的咖啡，不知道他是不是還好好地待在那家公司？

只要是人都難免會有小辮子，在爾虞我詐的職場上明哲保身的最好方式，就是別讓太多人知道你的祕密，尤其是讓你的競爭對手知道。所以我總是告誡自己：「千萬別幹見不得人的勾當。」**不可告人的祕密，盡可能越少越好。**

職場上的祕密不勝枚舉，在網路發達的現在，無論是透過各大論壇討論區、或是XX天眼通，每個人幹過的一切醜陋事總是無所遁形。不說出來只是你的敵人手下留情、或是你的對手不屑攻擊。刮別人的鬍子前，記得先把自己的鬍子刮乾淨，祕密一直都在等著出土，就待那良辰吉時來臨。

上班族都該領悟的道理

祕密不是不爆，只是時候未到。

倒數47天

總是交代忙碌的太太要記得吃飯、想吃什麼就吃什麼，千萬別把自己搞得太瘦。因為肉肉的看起來年輕可愛，而且我喜歡看見她開開心心的模樣，這會讓我覺得自己還有一點用處，至少能把家人照顧得很好。

或許你會指責我這樣不好，不應該活在大男人自以為是的思想裡。每個女人生來自由，愛胖愛瘦是她們自主的權利，幹麼因為嫁給了你，就要開始受到那些指指點點。其實，只要是人都會有喜好，正經的叫做興趣嗜好，偏差的就稱為怪癖跟癮頭。

職場上充滿個人偏見的事件層出不窮，從人力銀行職缺開啟的那一剎那起，就開始了一場不公平的勞資對抗實境秀，你我都在這場生存遊戲中搏命演出。

當你晉升到某個階級的主管後，就要開始負責招聘人員的任務。人資同仁會壓著你走進人肉市場裡進行採購，當中充滿了各式各樣的選擇、誘惑跟潛規則。一開始你會戰戰兢兢、久久不敢做出選擇，但隨著時間久了、見多了，應該很快就能夠做出選擇。關鍵，往往就在第一眼瞧見的那一瞬間。

當我還是很菜很菜的主管時，有一次突然被老闆捉進小房間裡頭，他不客氣地劈頭就吼叫說：「你看不出來她懷孕了嗎？」他說的是剛剛來面試的女孩子，長得漂漂亮亮的、學經歷都很不錯，因為剛懷孕所以想換個離家近點的工作，為接下來寶寶的誕生做好準備。我跟她其實聊得挺愉快，正準備請老闆安排時間跟她複試。

老闆接著說：「我們這種小公司，怎麼可能浪費兩個月的時間讓員工放那沒產值的陪產假，以後面試時一定要問清楚，別造成公司的困擾！」

那是我第一次感受到大企業跟小公司的不同。我一直以為大企業疏離、沒人情味，小公司人少、關係親，彼此會像一家人一樣。沒想到公司小，就連懷孕都得經過老闆的同意。

有段時間，我在一間員工彼此互稱學長姐的大型機構上班，大夥兒彬彬有禮、長幼有序。有天我聽見主管們聊起了董事長跟董事長夫人的規矩，原來應徵進公司的每個人，人事部都得先呈上資料等董娘看過長相、點頭後才能夠正式錄用。我從小沒被看過相，所以挺好奇董娘在我的臉上究竟瞧見了些什麼？如果她真的有特異功能，為什麼那間公司沒法發展得更好？我在那兒認識的每個人，後來幾乎都走光了。

業務跑多了，常常聽見外頭發生的奇人軼事。例如有些「腦闆」就是只要穿裙子的、而且越短越好，但也有些「腹腫」就是只愛穿褲子的、還規定越緊越好。這些關鍵因素不能寫在履歷表上，透過大頭照也瞧不出來，所以才會有面試的需求。我總跟年輕人說：只要有面試機會就好好把握，一定要拿出自己最好的一面！面試的過程跟買水果沒什麼兩樣，賣相不好的會先被挑掉，無論再甜都賣不出去。

對於老鳥求職者來說，判斷一個公司是否有前途，只要認真觀察一下老闆的喜好，還有一級主管的團隊成員組成就可以略知一二。每個求職者在面試時都應該多加留意觀察，好好替自己選擇一個值得託付的好公司。

所有談創業的書幾乎都是這樣寫的：「挑選夥伴時，一定要找跟自己擁有相同理念與價值觀的人，但在專業跟個性上要互補，這樣才能組成一支必勝的隊伍。」可是在實務上，你會發現圍繞在老闆或是主管身旁的，往往都是些外貌相似、個性雷同，像同一個模子印出來的傢伙。

主管個人的喜好真的很重要，因為那是決定是否錄取你、善待你、重用你的標準。適者生存是自然界的原則，那些不投主管所好的，老早就被淘汰好幾輪。

雖然我喜歡肉肉的女生，不過在我的團隊裡頭高矮胖瘦都有，男生女生也算平均，因為大夥兒服務的可不是微不足道的我，我們服務的是客戶、提供的是專業。我選擇與擁有不同才能、外表、夢想的部屬們一同努力，天生我才必有用，最重要的是讓每個獨一無二的人都有發揮才華的空間。

上班族都該領悟的道理

生命會尋找出路，你的工作也會找到活路。

倒數46天

我和部屬在四點整走進客戶的氣派辦公室，雙方討論、取得共識、議價、確認報價單、調整細節，四點三十分準時離開了大樓，坐車回公司準備用印簽約。

只用了半個小時就搞定一切的背後，是部門裡的小巢花了整整一個月的時間，辛苦準備的結果。每張風光訂單的背後、都有一段不為人知的辛苦歷程，老闆不一定會懂，但身為主管的你，一定要能懂。

搭上公車後，我暗自鬆了一口氣。這筆單簽下來後，小巢就能順利在公司待下去，繼續賺他結婚新房的頭期款了。小巢今年不到三十歲，是個充滿理念與情懷的優質青年，這些年來我們一同經歷了大大小小的專案，是我十分倚重的左右手。小巢除了認真盡責，心思更是細膩，加上擁有逆來順受的好度量，再難纏的客戶到了他手上，通常都能穩穩地搞定，是個讓人感到安心，屬於細火慢燉型的業務。

因為疫情影響，小巢一直不錯的業績像六福村的大怒神一樣，突然間從高空中陡降，除了嚇壞了心臟不怎麼好的我，更讓整個部門的表現黯淡無光，連穩定的老客戶都這樣了，更不用提零散的訂單跟小客戶了。一想到就連那原本人來人往的世界級樂園都宣布暫時休業了，我的老闆竟然還決定苦撐下去，為此，我心懷感激。

就像原本只會交代你要好好讀書、別擔心學費來源的父親，突然間有一天把你叫進了小書房，認真地告訴你說：「孩子，爸爸的生意遇到了些困難，這段時間你除了要更加努力學習，假日更得出去找份差事，幫忙分擔一下家計才行！」聽著老闆結結巴巴、好不容易才說出的話，我很想給他一個抱抱。

既然身為一家人，遇見了難關就得一起度過，我心裡頭是這麼想的。

這段期間，我每天都維持著早起寫文章的習慣，除了記錄工作上發生的事、心裡的點滴外，同時也思考著下一步該何去何從。文章寫好後，我就專心地上班，把全部的心力都放在工作上，盡力協助每位同仁們手上的案子，陪著他們去跟客戶提案、談合作、搏感情。下了班後回到家，就好好陪老婆跟孩子們，累了就提早休息，然後期待新的一天來臨。

兩週的時間很快就過去了，終於感覺到業績有點起色，我盤點著每位同仁的狀況，無論如何，都要想辦法讓大夥兒都活下去。

除了小巢的婚姻幸福掌握在這份工作的手上，聽說阿弟仔為了捧客戶的場才剛刷了三萬多元的卡費，鮮菇這週也正式跟大夥兒宣布了懷孕的喜訊。每個人背後都代表著一個家庭，或者一個夢想，透過工作賺取的薪水，我們得以繼續生存下去。

無論是為了家庭或夢想，工作本身其實就只是份工作，通常沒什麼了不起的。**但**

每份工作背後所象徵的意義，卻常常令人動容，那早就超越了薪水本身，是無法估計的價值！

每回經過車水馬龍的基隆路、忠孝東路口時，總會遇見辛苦賣著愛心餅乾的弟弟或是妹妹。無論春夏秋冬，無論是熱死人的豔陽天、或是颳風下雨的日子，都可以看見他們奮力叫賣的身影。這些年過去了，弟弟妹妹們來來去去，我身邊的同事們也一樣來來去去，他們賣出的每包餅乾跟我們簽下的每張訂單一樣，帶給我們溫暖、飽足，跟繼續生存下去的能量。

我真的不知道自己還能在這個公司工作多久，不過在這兒工作的每一天，我都心懷感激。

上班族都該領悟的道理

記得心懷感激，因為沒有什麼是應得的。

倒數45天

「唯有陷入深深的絕望裡，你才能體會重生的喜悅。」日子一天天地流逝，我們距離死亡的距離也越來越近。活到現在我有好幾次差點死掉的經驗，無論是肉體上的死亡、或是精神上的滅亡，幸好，每次我都幸運挺了過來。

創業失敗的那年，我像個遊魂一樣，不知何去何從。曾經在某個美麗的黃昏，開車到北海岸某處海邊，看著不斷拍打岸邊的海浪，思考著自己失敗的人生。看著看著，突然覺得海底應該比較溫暖，至少比這殘忍的世間來得有溫度，於是萌生了想跳下去的念頭。還好在那瞬間，太太打來叫我回家吃飯的一通電話，把我拉回了這個世界。

我曾經打敗上百個競爭對手，進入一個很喜歡的集團，獲得一份夢寐以求的工作，那是我人生中最快樂的一段工作時光。而我第一次體會到「樂極生悲」這四個字的道理，也是在那兒學會的。在某次總公司的年度壘球大賽中，我技壓群雄，拿到了打擊王的殊榮，總經理一臉尷尬地頒獎給我，當時我還不明白為何他的表情如此怪異。隔天上午，我就收到了遣散通知。打擊王的獎品是公司提供的禮卷，我還來不及領到，下午就被迫離開了那間公司。

有好長好長的一段時間，我不斷思考自己到底犯了什麼錯？明明好好的，怎麼會突然搞砸？後來才知道，真正的原因，其實不在我身上。

「遺憾」這兩個字其實挺好用的，那些說不清楚的、搞不明白的、沒法接受的、無法諒解的，都可以用這兩個字代替。「我很遺憾」這四個字更是所有大人必須學會的經典台詞，充滿了誠心、誠意、跟無法說出口的那些委屈。聽見這四個字，就代表遊戲結束了、勝負分明了。**我很遺憾，不過人生就是這樣**。當年總經理開口的第一句話，我永遠記在心上。

這段日子我總會在深夜裡醒來，躺在床上獨自思索著自己的下一步，那如同霧一般的未來。雖然白天的我看起來很正常，泰然自若地處理案子、拜訪客戶，可我心裡知道，我正緩步走向海邊，慢慢靠近那個熱情呼喚我、有著溫暖海底的岸邊。直到清晨五點的鈴聲響起，我起床寫文章，展開新的一天。

最靠近死亡的那次，是我獨自從某畫廊暗門後的樓梯滾下，抱著頭向後滾動了完美的三圈半後落在如同地獄般的幽暗地窖內。在友人們的協助下緊急送醫，經過八個小時觀察後，我緩緩地走出了冰冷的急診室，那天的陽光很溫暖，照在身上的感覺讓我慶幸自己還活著。走過鬼門關前的我，便決定要豁達地接受生命裡的一切。

走出遺憾、擺脫絕望的最好方法，就是用最快的速度，找到下一個希望。被工作背叛後也是如此，千萬別整天都在追憶過去的美好，回味曾經的纏綿跟高潮，趕緊投入下一個新工作，新的刺激總能彌平舊日的傷痕，屢試不爽。

「人家不要你了！人家不要你了！人家不要你了！」我會大聲對每個受害者講三次，因為這真的很重要。

雖然不想面對，不過我開始準備找下一個工作了。雖然自己是真心喜歡這份工作，身邊所有的朋友們也都稱讚我幹得還不錯，不過最近發生的事情讓我不得不替自己的未來好好想想。對於四十五歲的我而言，走出舒適範圍很不容易，面對未知的未來更是充滿恐懼，不過我想趁選擇權還在自己手上的時候，鼓起所剩不多的勇氣，替自己找到下一個新的希望。

上班族都該領悟的道理

活著，就有希望。

倒數44天

人生總是充滿意外，各式各樣的美麗意外。每個意外的背後都伴隨著一份禮物，不管你想不想要、需不需要。

因為突如其來的意外，我開始寫起了文章，記錄這些日子發生的一切：自己發生了什麼、做了什麼、想了什麼。就像拿著一把鏟子在腦袋裡翻土似的，我拚了命地往內挖掘，只希望能在六十天內挖出些什麼，無論是價值連城的寶藏、或是醍醐灌頂的領悟。

日子一天天過著，文章一天天寫著，心靈上的勞動開始發揮了效果，我開始思緒清明地觀照起這些年發生的一切，無論那是好事或是壞事。

春節時，我帶著太太跟孩子去探望了以前很照顧我的主管C，愛美的她頂了個大光頭，笑著站在家門前迎接我們。離開C後我混得不好，一直沒臉去探望她，沒想到一眨眼十多年就過去了，直到得知她生病的消息。我放下自己無謂的面子，買了一盒她最愛吃的日本大蘋果，心懷愧疚地走進了C美麗的獨棟別墅。

這些年來其實C過得也不好，但她突然間玩起了攝影，時常參加比賽、更獲獎無數。她把手上拿的名牌包換成了單眼相機，腳上穿的高跟鞋換成了舒適的布鞋，更把那些在職場上爭了好多年還得不到的遺憾的一切，統統隨著手術一起割除，從有限的人生中移除。C把生病的自己當作攝影展的題材，用生命認真地記錄著、籌備著，那些從沒對外公開過的照片，美麗得讓人心碎。

沒想到那次拜訪的幾個月後，我也開始透過網路，把在工作上臨終的自己記錄了下來。

現在的每一天，我都可以收到來自網路上的一些鼓勵、支持、甚至讚美。在感動的背後，我提醒自己要莫忘初衷，繼續真誠地記錄下去，這是場發生在四十五歲男人身上的美麗意外，希望大家都能夠透過我的分享，帶走屬於你的寶貴禮物。

上班族都該領悟的道理

上帝關了一道門，肯定會同時留一扇窗，不過你得靠自己打開才行。

倒數43天

幾年前的尾牙上，公司突然頒給我一個精緻的獎盃，上頭寫者○○年度最佳創意獎。一個業務領到了這樣的獎項，可能也是另類的肯定吧！

我半信半疑地在同仁的掌聲中上台，感恩地領受了這份殊榮，透過主持人的說明才知道原來獎盃是廠商不小心印錯了獎項名稱。隔了兩個多月後，另一座印著年度銷售貢獻獎的新獎盃終於寄到台北，我把兩座獎盃一起帶回家中，擺在書架上最不起眼的角落。

那年吃完尾牙不久，我就接到了部門同仁A發來的訊息，問我年終獎金的事情。我刷了刷戶頭，才發現自己也沒領到半毛錢，一問之下才知道原來是公司那年財務狀況不好，決定不發給業務年終。我手裡拿著荒謬的獎盃，藉著一絲酒膽，不知死活地對著總經理大聲說：「有困難可以好好商量，咱們提早溝通，千萬別這樣對待每天拚死拚活的同仁！」

因為快過年了，每位同仁都盼望著辛苦一整年後的慰勞，那份微薄到不行的年終出席費。

我很感謝當時的總經理大人有大量，接受了我的上訴跟建議，在過年後補發了遲來的年終給我們，雖然金額不多，但心意無限。因為這件事，A跟我都在公司待了下來，一起繼續努力至今，也共同面臨了這次倒數六十天的最後任務。

Ａ這個月的業績到目前還是掛蛋，我上週跟她聊了很久，一起腦力激盪新的想法跟做法。我在Ａ的眼裡感受到了壓力跟不安，同時透過她眼裡的倒影，我瞧見了更焦慮的自己。

「到底是功勞重要？還是苦勞要緊？」這是每一位管理者難解的課題。就像是在寫研究所論文時，你必須同時思考質化以及量化的意義，在決定一個人的去留時，你更得全面地剖析這位人才的過去、現在、以及未來。能立即燃燒自己、讓公司繼續前進的人才得以保留，成為此刻的英雄。而那些真材實料、卻不知變通的人才往往就只能做成一具具的棺材，等待著明日入土。

天生我才必有用，你想當人才？還是變棺材？

每個走上演員這條不歸路的人，演戲的動機都不同。有的人是為了生計，有的人是為了興趣，可是大家都會習慣把夢想掛在嘴邊，然後彼此寒暄取暖，日復一日、年復一年地演出一場場的戲。

能夠實現心裡夢想的人真的不多，因為堅持的過程實在是太苦了，「一將功成萬骨枯」這句說的，就是這個道理。古來鑑今的歷史證明，只有賭上身家的老闆才有資格當上那真正的主角，而出賣靈魂跟肉體的我們，永遠只能當個盡責的配角，奮力地演出每一場戲，直到戲裡再也不需要我們了，就乖乖地找劇組的人事領個便當、登出、收工。片場裡的工作人員來來去去，演的大部分都是別人的戲，直到有一天真的下定決心，好好演自己的戲。

根據經濟部中小企業處創業諮詢服務中心的統計：一般民眾創業，一年內就倒閉的機率高達九〇%，存活下來的一〇%中，又有九〇%會在五年內倒閉。也就是說，能撐過前五年的創業家只有一%。

很明顯的，我屬於那九九%的失敗者，而我的老闆，則是那不到一%的人生勝利組。

如果可以的話，我希望把那兩個占位置的獎盃退回，換回實際的年終獎金，更願意把名片上的頭銜拿掉，換成實實在在的薪水，那會讓我更甘願當個「人柴」燃燒自己的生命。不過這個夢想應該永遠不會有實現的一天，就像四十五歲的我永遠成不了大明星一樣。

上班族都該領悟的道理

夢想要靠錢才能支撐，熱情更要靠鈔票才能點燃。

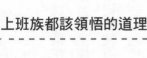

倒數42天

「你為什麼會想要來應徵這份工作？」每回進行面試，這都是我會問的第一個問題，這個問題看似簡單、卻不容易回答。

依據我的經驗，大約有六八％的人會言不由衷地說出一連串歌功頌德的漂亮話，像是「我覺得貴公司的前景看好」、「業界風評佳」之類的回答，有二五％會支支吾吾地說出很無腦的答案，例如「就剛好在求職網看到」、「人家介紹就來試試」。

只有不到七％的人，能真誠地說出讓你心臟悸動的回答，像是小慧對我說的：「我想要賺錢、健康開心地賺錢！」

跟大部分的年輕人不大一樣，小慧從念書的時候就瘋狂地愛上了賺錢。只要客戶一上門，她原本就大的眼睛會張得更大，閃爍著不同的光芒。面試時她回答的那句話，讓我毫不猶豫地從一大堆面試者中選擇了她，成為好業務的祕訣其實就只有一個：要有顆拚命愛錢的心。

小慧進了公司後，順利通過了試用期、執行了幾個案子，現在已經是個獨當一面的業務。她特別有辦法「安搭」那些婆婆媽媽型的客戶，加上拚命三娘的賺錢態度，讓她的業績穩健地逐步成長。原本我鬆了一口氣，因為終於兌現了當初對她的承諾，我們一起健康開心地賺錢。

沒想到突如其來的疫情降臨，讓全世界變得很不健康，也讓小慧變得很不開心。這個月到目前為止，她只達成了三分之一的業績目標，上個月更慘、上上個月也好不到哪兒去。

前陣子小慧突然間生了場大病，雖然不是COVID-19，但也讓她奄奄一息在家躺了好幾天。我突然明白了當初她為什麼要說「健康開心地賺錢」，她在上一份工作就是因為壓力太大讓身體出了狀況，才跳槽到我們這家小公司的。原本想說可以從此過著幸福快樂的日子，沒想到一個大浪打來，大船劇烈晃動，小船瞬間破洞。我們拚了命地把水往外舀，卻不見起色。

有個故事是這樣寫的：曾經有個可憐的傢伙遇到船難，在海裡漂泊了一陣子，捱不住死了。到了天堂後，他指責上帝說：「我這輩子信仰您、服侍您，遇到困難時怎不見您？」

上帝緩緩跟他說：「孩子，我試著救過你好幾回，可是你卻沒有把握住機會。」

「第一回我派了艘救生艇過去，那上頭全是天使喬裝的船員，可你嫌擠不願上去；第二回我弄了塊廁所的門飄過去，在上頭待著至少可以維持住體溫，可你嫌髒不敢上去；最後我實在受不了，直接派了一匹飛馬去接你，可你竟不相信親眼看見的神蹟，還是不肯上去。」

我沒什麼信仰，但我相信這個故事。

這幾天我都在思考自己的下一步，該找怎樣的公司，自己適合怎樣的工作？

鼓起勇氣找了一位並不相熟的專家朋友諮詢，冒昧地請她給我一些求職的建議，沒想到她竟然答應了，還陪我聊了一通長達五十五分鐘的電話。

掛上電話後，我真的相信她是上帝派來幫助我的天使。我有預感，平凡的我接下來會遇見更多的天使，好心的上帝派遣他們來幫助我，而我一定會好好把握住每一次的機會。

當上帝問我：「你為什麼會想要來應徵這份工作？」

我會回答：「因為我想要成就更好的自己！」

上班族都該領悟的道理

強摘的瓜不會甜，硬要來的工作也好不到哪兒去。

倒數41天

大半夜裡，經紀人好友傳來他跟主管對話的截圖，還附了個大大的「幹」字。那時的我早就進入了夢裡、構思今天要寫的文章，而遠方的他，應該邊抽著菸、邊看著滿天的星空，然後失眠了一整晚吧？

經紀人好友跟我一樣，長得很平凡，心裡有些理想，年輕時幹過一些蠢事，現在是個規規矩矩的上班族。

我每天早上五點起床寫文章，九點就請他幫我訂正標點符號跟錯字，十點準時刊登。我們兩兄弟就像是工廠生產線上認真盡責的作業員一樣，每天賣力工作著，這個場景讓我莫名地覺得很安心，因為我的第一份工作，就是管生產線的。

小時候我總愛花錢去書局買一本三十元的主題蒐集冊，然後再花很多的十元買主題蒐集包，接著把蒐集冊貼滿去跟書局的老闆換獎品。花了好幾百塊後，終於換到了一個醜醜的小丑撲滿，回頭想想，那是我人生中第一次遇到詐騙集團。一直到現在我瞧見那個擺在老家書架上的小丑撲滿，都還是會想起穿著吊嘎的書局老闆，他跟小丑長得一模一樣，總是對每個上門買蒐集包的小孩微笑。

長大後，我們繼續養成了蒐集東西的習慣，經濟條件好些的收藏名車名錶、較普通的就搞些玩具收藏；兩手空空像我，就會搞些小冊子，收藏一些過去的回憶。譬如我有一本名片簿裡，整齊地排列了自己打從出社會開始所有工作的名片，上頭分別印著：專員、襄理、主任、課長、副理、經理、總監、副總、顧問。如果用一般常見的職稱來看，應該還差：協理、總經理、執行長、董事長，這四大隱藏版還沒蒐集到。我只有一張名片上沒印任何的職稱，就是自己當老闆的那張。

每個偉大的創業故事幾乎都是這樣開始的：某一天小明吃飯吃到一半靈感來了，突然想幹件大事！於是他找了恰巧坐在隔壁的大米，靠著三寸不爛之舌說服了他，就此組成了一個團隊，然後就像蒐集拼圖似的、四處尋找志同道合的夥伴加入。連載已經超過二十年的《海賊王》演的就是這套劇本，忠實的讀者們一路從熱血的少年看到青年、再從青年看到中年，直到因為老花眼再也看不清楚了，才會心甘情願地停止追逐夢想。

家裡的書架上有一整套《島耕作》的漫畫，那是我從當課長的時候開始買的，看了這麼多年後我也該停止蒐集了，因為書架快滿了，我的視力也不行了。人家都已經在跨國企業裡幹到了取締役、社長、會長，四十五歲的我至今還困在一個小公司裡頭倒數六十天。漫畫裡的情節都是假的，所以創業的人千萬別再看《海賊王》，工作的人拜託別再讀《島耕作》，好好地認真面對發生在自己身上的一切，這才是真的！

這篇文章寫到一半時，經紀人好友傳了個訊息給我：「我決定不幹了！」

我秒回他：「真的假的？明明說好倒數的人是我，怎麼換成你先陣亡了？」

媲美八點檔連續劇的劇情如此精彩，就讓我們一起繼續演下去……

上班族都該領悟的道理

工作如戲，戲如工作。

倒數40天

每個人都有偶像，我的女兒小時候超愛扮成艾莎公主跳舞，兒子老戴著那吵得要死的假面騎士變身腰帶跑來跑去，而我自己在讀幼稚園時，最喜歡模仿亞瑟王拔出石中劍的那段場景，把一根枯樹枝插在大石頭縫裡，緩緩地用力拔出，然後高高舉在自己頭上。

從小到大，我們會喜歡上的那些偶像都有一個共通的特質：他們，跟平凡的自己完全不一樣。

就像我的第一個偶像「超人」，他不只長得又帥又高，還勇敢地把內褲穿在外頭，最厲害的是他竟然會飛翔！我瘋狂地愛上了他，拜託母親把餐桌上那條紅色的桌巾借給我當作披風，然後整天在家裡頭跳來跳去的。一直到有一天照鏡子，我發現自己長得跟超人一點都不像，除了因為近視戴上的那副黑粗框眼鏡。

後來我又迷上了小虎隊，尤其是會帥氣後空翻的霹靂虎。我雀躍地拿著在書局買的偶像照片，跑去當時的中華商場二樓，訂製了跟他一模一樣的花背心跟打摺褲，在苦苦等待了兩週之後，迫不及待地回家穿上。那是第一次，我聽見自己心碎的聲音，從此我對穿衣服這件事就變得很沒有自信，一直到現在都是。

進入社會開始工作後，我繼續搜尋著心目中的職場偶像，一開始是自己部門的課長，他長得有點像謝祖武，幽默風趣，重點是很會喬事情。很多在職場上的基本功，我都是在他身上學會的。後來遇見的每一位主管都教會了我不同的事情，大部分是工作上的，少部分是興趣或生活上的，那讓我變得比較會過日子，我很慶幸沒有變成一個只會賺錢的傢伙。我發現，在職場上遇見的偶像，比電視或電影上看見的英雄真實多了，只要願意，我們可以變得跟他們有點像。

創業的那段期間，我開始認識了跟我一樣傻、帶著夢想出走的人，其中還有一些有頭有臉的大人物。透過參加聚會、活動、生意上的往來，我在每一個人的身上看見了只屬於他們的故事，那些故事大部分模仿不來，但都很值得學習及參考。**第一次我覺得自己終於長大了，因為不會再幻想變成一個跟自己完全不同的人。**

這兩天，我的圈子裡議論紛紛的話題是關於某公司某位回鍋主管空降後，轟轟烈烈搞走了十幾個員工的事。我一直相信 COVID-19 是人工製造出來的病毒，因為只有最惡毒的人類才會搞出這種變態的玩意兒。只有最殘酷的人性，才能毀滅最善良的人類。

亞瑟王的石中劍象徵的除了能力之外，更代表著權力，那至高無上的權力。權力可以帶給人們幸福快樂的日子，也可以瞬間毀滅一切，是天堂或是地獄，就在擁有者的一念之間。每個人的心裡，其實都藏著一把代表自己天賦才能的石中劍，這把劍打從出生開始就靜靜地插在那兒，等待著你覺醒的那一天。

四十五歲渾渾噩噩地過了大半輩子，倒數的日子只剩下四十天了，我得好好準備，才能實現小時候的夢想，帥氣地拔出那把只屬於自己的寶劍！

上班族都該領悟的道理

每個人，都是獨一無二的存在。

倒數39天

「投資一定有風險，基金投資有賺有賠，申購前應詳閱公開說明書。」每回聽見這段念得飛快的廣告台詞時總會覺得好笑，我很想建議勞工局強制規定每個公司的人事部門，在進行面試前一定要緩慢、完整地念出以下這段提醒：「工作一定有風險，職場投資有賺有賠，應徵前請務必探聽清楚。」

每份工作都伴隨著大小不一，不同層面的壓力以及風險，無論是在工地做工的人、或是在辦公大樓打工的人，統統無一倖免。

俗話說得好：做一行怨一行，家家有本難念的經。每回只要有同事離職，總脫離不了「生理、心理、口袋裡」這三個原因。運氣好些的症狀通常只有一種，嚴重些的就會包含其中兩種病兆，最慘的就是三種統統都中，那簡直跟得到癌症差不多。

部門主管就像實習醫生一樣，能治的通常只是那些剛發病不久、復原能力強的輕症患者，年紀較大、勞苦功高、難纏的慢性病患只有靠經驗豐富的高層主治大夫出馬才有得醫。至於那些已經救不回來的重症病患，就只能看院長大人還願意收留他在病房裡待多久了。

手無縛雞之力的我，早就明白自己不是個做工的料，如果去工地打工一定早就餓死了。一畢業後，我就認真地開始學習在企業裡的各種謀生技能，從擔任生產線的小弟開始，一路走來運氣其實不錯，對內賣身的我在工廠裡的各個後勤部門歷練了一輪後，幸運加入了當時新成立的品牌部門，正式開始對外賣藝的職涯。

離開傳統的電子業後，我曾經以如同電影《實習大叔》般的情節，加入一個立志成為下一個Google的新創公司，在那兒的員工既年輕又聰明，我是裡頭年紀最大的一位，就連老闆都比我小很多歲，每天這群人都以新一代的工作生活家之姿沒日沒夜地認真工作。

當時，我親眼見證了幾個年輕員工不眠不休，以辦公室為家、燃燒自己的青春，為公司鞠躬盡瘁、死而後已的過程。然而，後來發生了一件意外，那是段我不願意想起的心痛故事，不是只有做工的人會遇到工地各種風險，打工的人也會遇到突如其來的車禍，就在深夜加班後，一個人帶著疲憊身心、騎車返回租屋處的路上。

我們除了失去了一個寶貴的生命，更傷害了無數個天真的靈魂，而且他們從沒領過一毛加班費。

在職場上打拚了一輩子的人都懂，在光鮮亮麗的背後，真正的心酸跟甘苦只有自己才能體會。每回下班路上經過公司附近的熱炒店時，我總會停下腳步，遠遠看著正坐在裡頭的人們，看他們的穿著打扮、看他們的行為舉止、聽他們的嬉鬧聲、感受他們當下的無奈。

想要回家陪家人吃晚餐了，雖然時間有點晚，桌上只有剩菜，還是覺得自己很幸福。我的生理很健康、心理沒什麼大問題，口袋裡雖然破了很多洞，不過我並不期待主治大夫跟院長的宅心仁術，我想靠自己的力量、好好地踏出這座冰冷的白色巨塔。

上班族都該領悟的道理

能醫好自己的人，就只有自己。

倒數38天

研究所同學果董的寶貝兒子滿月了，班上幾個同學趁機聚了一下，一如往常地吃飯打屁聊天，回味那久違的學生生活。每個人看起來除了老了些，跟當年並沒有太大的不同，唬爛話多的還是那幾個，眉頭深鎖的依舊不變，而我一樣只是默默聽著大家講話，專心吃著盤子裡的國王沙拉。這道菜的名字取得真好，吃起來會讓人覺得自己像真的國王一樣，就像坐在我對面的果董。

含著金湯匙出生的果董，除了長得體面、腦袋也靈光，在一流的廣告公司歷練一番後開了自己的公司，接遍市場上大小客戶的生意。他的口袋總是鼓鼓的，看起來很大一包，我除了自嘆不如外，也總是暗自稱羨。

曾經是個浪子的果董年紀小我一些，原本以為他不會輕易走入婚姻的墳墓，沒想到這回除了遇見了好對手，還生了個白白胖胖的兒子，五子登科的願望就此達成，成為不折不扣的人生勝利組。

低頭吃著沙拉時，我留意到坐在旁邊的錶哥手上又戴了隻從沒見過的錶。他是我們這群同學裡最帥的一個，在一間大建設公司擔任一人之下、萬人之上的老闆特助。錶哥滔滔不絕地跟大家介紹手上這支，花了十二萬維修費、才剛贖回來的名錶。我格外認真地邊吃邊聽，因為每回錶哥跟我說的那些故事，總會成為日後我跟客戶唬爛的素材。

手錶的話題繼續著，手上戴著最新 Apple Watch 的鳥總也跟大家討論起了「心率監測」功能的重要性。錶哥突然嘆了一口氣說前陣子他心臟出了心律不整的毛病，怎麼檢查都找不著原因，現在只得每天乖乖吃藥控制，他提醒大夥一定要去做健康檢查，前陣子才有一位年輕的建築公司董娘突然走了，就因為突如其來的心肌梗塞。

大夥充滿默契地沒聊太多自己工作上的事，因為我們心裡都明白，職場上的鳥事除了說不清楚、聽不明白，對於別人來說，更是一點都不重要。

我的很多同學都很有成就，除了我以外。在聚會的時候，心裡其實有股衝動想跟大家說：「幹，我只剩下不到四十天就沒工作了！」不過在這個歡樂的場合，想想還是算了。我壓抑住酸酸的喉頭，呆呆望著躺在推車裡的小果董。

一群中年男子們天南地北地開心嘴砲，真希望時間永遠停留在美好的這一刻。我同時感受到新生的喜悅、生活的轉變，以及生命的無常。生老病死、喜怒哀樂，而這，就是我們真實的人生。

上班族都該領悟的道理

人生的味酸甘甜／春夏秋冬隨風去——于子育〈孤味〉

倒數37天

愛情跟工作其實很像，我們總是傻傻地愛上了不該愛的人，做了不該做的工作。有個現象叫「日久生情」，人們常常不自覺地跟朝夕相處的同事越走越近，對每天都在做的工作越來越投入，直到有一天發現不對勁的時候，已經來不及了。我談過幾場戀愛、換過不少工作，我發現，失戀跟失業時心痛的感覺，真的一模一樣。

有天吃飯時我問鮮菇：「你在前公司本來幹得好好的，幹麼想不開跳到這間小公司來受罪？」鮮菇面露殺氣地，一邊把麵裡的香菜挑掉、一邊回答我說：「因為一個賤人，跟一個爛人。」

賤人是她以前的同事、爛人是她以前的部門主管，雖然男主管已經結了婚，還是跟女同事在一起了。職場上的男歡女愛跟家常便飯沒什麼兩樣，原本大家都不想管的，直到有天有人不小心發現：色慾薰心的主管將原本是大夥的業績獎金偷偷分給了賤人，這下才鬧得沸沸揚揚，一發不可收拾。整個部門的人忿忿不平，一個接著一個離開，聽說最後，賤人跟爛人也走了。

一場禁忌的愛情，殲滅了一整個部門的戰力，如果我是老闆，應該會抓狂吧！

二十五歲時我第一次失戀，那時腦袋就像突然壞掉似的、啪地一聲就停止了運轉，整個人就像行屍走肉般地過日子。常會不自覺想起那些美好的片段，更會拚命地想找出分手的原因，想累了就哭著睡著、夢醒了就繼續思念下去，直到有一天，慢慢地不去想了，生活才漸漸恢復了正常。後來三十三歲第一次失業時，也是差不多的感覺。

失戀了幾回、失業了幾次後，我突然領悟了一個道理：**愛跟恨一樣，只有放下了、才能解脫。工作跟愛情一模一樣，主導權永遠在已經不愛的那個人身上。當你真的不愛了，就一定能走出來了。**

從創業失敗的幽谷裡爬出，走過求職不順的泥沼，精疲力盡的我原本以為自己終於找到了一份真心喜愛的工作，可以就此陪伴著它終老。沒想到一場無情的疫情猛然打醒了我的美夢，原來自己從沒離開過無間的阿鼻地獄。

我是否該勇敢地放下，那份不愛我的工作呢？

上班族都該領悟的道理

放下了，才能解脫。

倒數36天

心情不好的時候大家都會做什麼呢？

鮮菇會大吃特吃、N會找個角落跳街舞、阿弟仔會躲起來一個人喝悶酒。年輕時候的我，最喜歡開著家裡剛買的小白出門「胚」車，把那小小的天窗打開、播放韋瓦第的《四季》協奏曲，雙手認真地握著方向盤，征服眼前一個又一個彎道。

還記得第一次載現在的老婆去烏來洗溫泉時，山區突然下起了大雨。我一邊聽著《四季》的〈冬〉，一隻手緊握著她的手、另一隻手俐落地打著方向盤，在樂聲結束時平安抵達了溫泉旅館，也順利征服了她的心。每個男人的心目中都有一輛86（漫畫《頭文字D》主角藤原拓海駕駛的車款），我的小白就是我的86。

前陣子，我忍痛送走了剛過二十歲生日的小白。新買的舊公寓沒停車位，我捨不得讓它刮風淋雨，只好決定讓它永遠活在自己心底。那晚，我一個人躲在房裡喝光了一瓶紅酒，小白對我來說代表的不只是部車，更是青春以及夢想。

這週的業績統計出來了，多位同仁的表現延續了連續無本土案例確診的精神「＋○」。前幾天在頭兒要求的一對一業績 Review 會議上，我跟每位同仁熱烈地討論著接下來業績達成的策略、方法、手段，會議室窗外無情的大雨不斷地下著，我的腦海裡不自覺響起了〈冬〉一開始的那段旋律。這回我手裡握著的不再是方向盤，而是每位同仁的下一步，是整個部門的未來。

依據目前的表現，整個部門將只有小巢一個人可以留下來，包含我在內的其他同仁，都即將被迫離開這艘航向偉大航道的「黃金沒力號」。

我跟經紀人好友誠實說出了心裡的難過，他建議我好好休息一下。坦白說我的倒數日記有點寫不下去了，不是想不到寫什麼，而是沒把握接下來寫出來的東西有沒有價值跟意義。

「意義是三小！」他拋出電影《艋舺》的經典台詞，要我好好放個假，先別想太多。

外頭的天氣很好。我出去跑了一會兒步，還遇見了幾部改得亂七八糟的86。前幾年豐田汽車不只決定推出新一代的86，還順利引進台灣市場，我曾帶著太太跟小孩一起去展示間看過車，結果他們都對大台的休旅車比較有興趣。趁著兒子在休旅車後座裡滾來滾去的時候，我牽著生命中最深愛的女人的手，邀請她再一次陪我坐進小白的前座，手機藍芽順利接上了86展示車內的音響，開始播放起了《四季》。

回家後我睡了一個長長的覺，在夢裡不斷回味起這些年發生的事，遇見的人，跟幹過的工作。然後繼續在清晨五點起床，泡杯咖啡，透過寫作替自己的倒數六十天，留下真實的紀錄。

上班族都該領悟的道理

每個人都想向外尋求刺激，但只有家庭，是真實存在的。

倒數35天

「我、不、做、了。」阿弟仔用他進公司三個月來第一次露出的堅毅表情，緩緩地說出了他的決定。

其實我是有預感的，從上週五他突然請假說要回老家，我總覺得哪裡怪怪的，只是沒想到會是如此戲劇化的結局，就在新人試用期考核面談前一個小時，我們反過來被阿弟仔提前考核、開除了！

上週我才開著車，帶著阿弟仔去拜訪了一位認識很久的大哥。我們聊得很愉快，我把這個案子交給了他，希望能帶來一些新的希望。對於一個沒什麼人脈的新業務來說，前輩介紹給你的每個客戶就像是座寶山一樣，只要好好地挖下去，一定能夠挖出些什麼，無論是黃金、煤礦，就算只有垃圾，都能讓你獲得寶貴的經驗（EXP），提升你的魔法值（MP），讓自己在接下來的戰鬥中升到另一個等級（LV）。可惜千算萬算，我沒留意到他寶貴的生命力（HP）早已經所剩無幾了……

每場戀愛最後分手時，你總會聽到一段聽起來很平淡，卻真實得讓人心碎，更讓你無力反駁的分手宣言。阿弟仔緩緩說出決定離開公司的理由，他講出來的每句話都像利刃般切進我的心窩，他一句一句說著、我一刀一刀割著，他說完後帥氣地站起身離開了會議室，只留下倒在滿地血泊中、奄奄一息的我。

他說：「我喜歡這份工作，真心喜愛這個團隊，可是對於這間公司，我真的覺得很遺憾。」

阿弟仔不只從我身上學會了些東西，還偷走了我心裡的台詞，更勇敢地替自己年輕的生命做出了勇敢的選擇，離開這個不屬於他的舞台。我就像是選秀節目上坐在台下的過氣評審老師一樣，只能眼睜睜看著他離去的背影，對著鏡頭嘆了一口氣，祝福他早日找到真正屬於自己的天空。

為人父母者最難承受的一大憾事，無非是白髮人送黑髮人了。在職場上懦弱無能的我這個中階主管，只能看著自己用心栽培的明日之星，一個接著一個離開這個舞台。下一位淘汰的參賽者會是誰呢？搞不好會是我自己。

上班族都該領悟的道理

沒有遺憾，就沒有過去。

倒數34天

現在是早上六點三十五分，昨晚我忘了訂鬧鐘，迷迷糊糊地睡過頭，只剩下不到一個小時可以寫文章了。

人生總是這樣，當你覺得自己好不容易上了軌道，進入了狀況，可以全力衝刺的時候，突然間被無情的命運之手大力一揮，然後就完蛋了。昨天，有個大我十歲的演員突然走了，在他努力了幾十年、人生最顛峰的時刻，帥氣地轉身離開了這個世界。

我很少聽流行音樂，是個早已跟時代脫節的老人家，昨天睡前我看了茄子蛋樂團的〈浪子回頭〉MV，在YouTube八千多萬觀看次數裡貢獻出了自己的第一次。好的演員身上總會有種魔力，會讓你第一眼見著就迷上他。我常會想究竟是演員演活了劇本、抑或是劇本喚醒了演員？那真情流露演出的其實不只是場戲，更是演出者自己的人生。

每天，我們都在看著、聽著、欣賞著能夠引發自己內心共鳴的演出，那些說不出口的苦、無法言喻的傷、遙不可及的夢想，透過表演、歌唱、文學的形式默默地傳遞了出來，打動我們小小的心房。在捷運上，每個人都戴上了耳機，低頭埋首於手機跟書本，沉浸在只屬於自己的小小感動裡。

我不太喜歡讓自己入戲太深，因為那些歌詞裡寫的、戲裡演的、書上說的，跟自己的人生只是有部分雷同而已。美好的結局遙不可及，悲慘的爛尾不願接受，與其把寫劇本這件大事交給不認識的人，為何不自己來試試看呢？

所以為什麼說「演而優則導」，因為唯有這樣，才能夠演出自己真心想演的戲。

四十五歲的浪子回頭會不會太晚？我真的不知道。在隨時會被老天收走、所剩不多的剩餘人生裡，我決定不再怨天尤人，一定要自信驕傲、自在無憾地度過未來寶貴的每一天。

上班族都該領悟的道理

太認真，你就輸了。

倒數33天

「哥」有分兩種，一種是與人打交道時的戲稱，一種是把人當朋友時的尊稱。聽的人分不清楚，但講的人心裡明白。

小慧今天突然問了我一個問題：「為什麼你要叫頭兒『哥』？我一直覺得，你年紀比他大還叫他哥很莫名！」

我想了一會兒，一臉正經地回答她說：「就是一個尊稱吧，不然要我叫他老大喔？」

小時候每回出門，我們都會被父母要求，見到人就要叫「叔叔、阿姨、姐姐、伯伯」之類的尊稱，坦白說我一直搞不懂這些稱呼的微妙差別。我常常跟老婆爭論「阿姨」跟「姑姑」究竟有什麼不同？「阿伯」跟「阿叔」到底誰大？後來有一天突然發現「哥」跟「姐」才是萬無一失的叫法，從此就順風順水地用到了現在。

第一次被人叫哥，是我三十歲左右，還待在工廠的時候。屎哥是一位大我十歲左右的大哥，他待過很多公司，生了小公主後想找份穩定點的差事，同時兼顧好家裡，於是輾轉流離到了我們部門裡。當過記者的他深諳人情世故、舌粲蓮花，總能把全部門的女生們哄得心花怒放，尤其是我們那位總是不苟言笑的嚴厲主管。

有段時間我和屎哥常常利用下班後的時間到公司旁的河堤跑步，他總是跑得很喘，我會放慢腳步等他，一起邊跑邊聊天。他會跟我分享很多他曾經幹過的事、遇過的人、談過的戀愛，還有失敗的經驗。當時的我就只是靜靜地聽著，在心裡想自己過了十年後，會不會變得跟他一模一樣，成為一個看起來有點憂鬱、看起來什麼都有、但其實什麼都沒有的中年人。

坦白說一開始我也很不習慣被屎哥叫做哥，不過聽著聽著倒也適應了，尤其是後來整個部門都受到屎哥的教化，整天哥來姐去的，氣氛其實變得挺好的。後來我回學校去念研究所也差不多是這樣，在學校裡頭每個人都以「學長姐」互相尊稱。**在這兒沒有後輩，每個人都是可敬的前輩。**

前幾天參加了一場講座，台上坐著幾位看起來有模有樣的講者，坦白說我一位都不認識。通常遇到這種陌生的狀況，都會先看看他們的職稱跟經歷背景，只以貌取人的主觀風險太大，還得加上客觀分析才能做出正確的判斷。

在幾位講者中最能讓我產生共鳴的是年紀最長的那位，雖然他看起來個子最小、最沒氣勢、也最不起眼，不過在這個歲數還能站在舞台上演出的，肯定有兩把刷子！其他幾位講者表現得其實也不錯，唯獨少了些能「觸動心靈」的地方。就像看舞蹈表演一樣，年輕舞者的肌肉張力跟肢體表現雖然無懈可擊，但最感動人的總是那位演出早已超越技巧、而是與舞蹈融為一體的台柱。台柱獨自撐起了舞台，等待著下一個世代的崛起。

不知不覺的，屎哥跟我已經十幾年沒見面了，我們偶爾會在臉書上交換彼此的消息，他後來念了個博士，目前是個遊走兩岸的大咖講師，已經成為台柱的他應該不再需要低頭稱人哥或姐了吧。而四十五歲的我不知不覺地變成了當年的他，總說些自己的故事給身邊的部屬聽，汲汲營營地過著每一天。

「其實，我覺得頭兒滿有潛力的，將來有機會成為真正的老大，所以我才會稱他一聲哥，是真心的尊稱！」我對小慧說。

小慧用她水汪汪的大眼瞪著我，就像我當年在堤防上呆呆地望著屎哥一樣。時間會帶走很多東西，但也會留下一些智慧，總有一天，你一定會懂。

上班族都該領悟的道理

誰說老狗總是變不出把戲？好司機才曉得最精彩的私房景點。

倒數32天

在職場上每個人都想要成為英雄，如同史詩般傳頌千古的那種存在，可最後還會記得你的，卻往往只有中午常一起吃飯、跟三姑六婆沒什麼兩樣的那幾位同事而已。

阿弟仔提離職時說出了自己的一個心願：希望有機會透過自己整理的業務改善提案，幫助留下來的我們突破盲點、改善現況，逆轉最後三十天的業績挑戰。

我淚眼汪汪地拍著他瘦弱的肩膀，謝謝他還願意在所剩不多的時間裡，為我們帶來最後的一絲希望。人性的真善美，總會出現在你最意想不到的平凡人身上。阿弟仔身上散發出七彩奪目的光芒，讓有幸陪伴他走完這個職場最後一段路的我覺得驕傲和光榮！

曾子說過：「鳥之將死，其鳴也哀；人之將死，其言也善。」

有些人，在離開前說出的話會真實得讓你心痛，一輩子牢牢刻印在心上；但也有些人，在離職前做出的行為會殘酷得令人心碎，讓你一輩子都不願意再次相信人性。

在我以前待過的公司裡，發生過一件我永遠記得的事。

有位從天而降的人資大神，挾著雷霆萬鈞之勢降臨了我們這間小廟，他帶來了許多新穎且專業的評量工具，協助公司從無到有，逐一建立起龐大的人事規章以及考評制度。一開始大夥兒基於對專業的信任及尊重處處配合，但時間一久漸漸發現不對勁，太監除了服侍皇上外竟然還搞起了東西廠。他陸續逼走了一些優秀有潛力的同仁，勞資雙方協議的過程都處理得很不堪，引發了後續不少的投訴以及勞檢紛擾。

事情越演越烈，好不容易建立的王朝瞬間岌岌可危。這位人資大神覺得苗頭不對，機靈地把所有人事資料消滅殆盡，然後請了個長假，最後拍拍屁股登出走人。

這件事讓我見證了走火入魔的過程，神跟魔的能力其實是差不多的，要成為擁抱原力的絕地武士、或是墜入黑暗面變成達斯維達，往往就在一念之間。而那一念的結果，將會深深影響你周圍所有的人。

「每個人都可以改變世界。」這句話絕對是真的，或許沒法改變全世界，但我們都可以改變自己周圍的世界！

昨天下午我收到了阿弟仔熬夜做出的提案簡報，坦白說，這是他做過最棒的一份簡報了！雖然頁數不多，不過字字珠璣、頁頁真切，我相信任何一位部門同仁看了都會感動，包含我在內。阿弟仔只花了三個月的時間，就寫出了公司目前遇到的所有問題，更提出了他的解決方法。他真的是個人才，可惜是公司無法留住的人才。

我把阿弟仔的簡報寄給了頭兒，跟他約好一起聽阿弟仔畢業報告的時間，我不知道這份一百分的提案能不能馬上改變這個公司的未來，但相信總有一天，是能夠實現的。

工作跟愛情一樣，根本就沒有什麼高深的道理，關鍵的因素除了適不適合、用不用心，還有願不願意而已。

很久以前，一個前女友斥責我是不負責任的男人，當時的我心痛得無法反駁。過了這麼多年以後，我開始懂得什麼是真正的責任，也認真地扛起該負的責任。

分手後還會記得的只有真正愛過的人，離職後還會回味的，只有用心做過的工作。如果統統都忘記了，就灑脫地尋找下一份幸福吧！

上班族都該領悟的道理

分手快樂／祝你快樂／你可以找到更好的——梁靜茹〈分手快樂〉

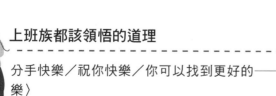

倒數31天

當爸爸的都知道，「哭爸」是沒什麼用的！就算孩子在你面前哭得死去活來、講得口沫橫飛、氣得憤世嫉俗，你還是得保持冷靜處理，因為你肩負了一個全宇宙無人能取代的角色，除了要負起照顧孩子的責任，更得陪伴孩子一起成長，成為對社會有用的人。

當主管的道理也是一樣，打從決定錄取新人的那一刻起，你就扛起了如同千斤般沉重的責任，除了要讓新人活下來、跟著公司成長，栽培他變成一個有戰力的員工，更要成為一位優秀且善良的工作者。

每個人都有過叛逆期，通常會發生在國中或是高中的階段，但自小乖巧的我比較例外，反而是從三十歲出頭就一路叛逆到現在。我的媽媽曾經為了這事氣得指著我太太，責怪她把我帶壞。但真相只是因為那時的我工作不順，拚了命地想賺更多錢讓家人幸福，才鼓起勇氣從穩定的大公司離開，自行創業。叛逆的人心中都有旁人難以理解的想法跟理由，被叛逆的對象總是感到深深的無奈跟委屈，大家都沒錯，只是角色不同而已。

在職場上，通過了試用期，順利存活下來一年左右的員工會開始面對相同的困擾，一方面已經適應了環境，二方面開始接受越來越多的工作要求跟壓力。無法再用新人姿態躲避的那些衝突，如同排山倒海般地襲來，淹沒了好不容易安定下來喘口氣的自己。為了生存下去，不自覺地開始武裝起自己，正式進入了工作上的叛逆期。

以前我也經歷過這個階段，大約在快三十歲的時候，那時的自己覺得「I am the King of the world.」，除了上頭的每一個主管都很蠢，身旁的每一位同事都比不上我，底下帶的部屬更是真心擁護我。我不知死活地做了很多蠢事，得罪了其他擁有真正權力的主管，更讓當時一路提拔照顧我的C感到傷心。當時的我忿忿不平，覺得全天下都辜負了我，後來有一天才明白其實是我自己逼死了自己。

如果說外遇是愛情的殺手，那麼背叛肯定就是工作的劊子手，根據我失意情場、浮沉職場多年以來的觀察發現：**習慣劈腿跟擅長背叛的人們其實很可憐，因為他們的心裡都破了一個大洞，所以拚了命想要用愛來填滿**。外遇跟背叛的原罪，通常都源自於對愛的深層渴望。

我的女兒曾因為覺得弟弟奪走了我們對她的愛，偷偷欺負他好一陣子；我的部屬也曾因為覺得新來的同仁瓜分了主管對他的關注，對我心生不滿。當爸跟當主管一樣難為，不管再怎麼費盡心思，永遠沒法得到「公平對待」的評價。我的愛就這麼多，多分給誰都不對，只能選擇性地分給真正需要的、懂得感恩的、也會愛我的人。

主管心，父母心。真心的主管會懂得愛護自己的部屬，如同父母會疼惜自己的孩子一樣，但我們的愛不是無微不至的溺愛，更不會成為是非不分的濫愛。如果每天你都跟著孩子的情緒起舞，心情隨著部屬的謾罵波動，很快就會覺得自己一無是處，除了是個臭爸爸，更是個爛主管。

在愛別人之前千萬記得好好愛自己，這樣才能照顧好那些真正值得愛的人。而「由愛生恨」這個無聊的戲碼，就留給其他可憐的人全力演出吧。

上班族都該領悟的道理

不是不愛了，只是心累了。

倒數30天

敦南誠品的最後一夜，你參與了嗎？

經紀人好友凌晨四點半傳來了參加詹宏志先生「讀書之城：三十年來台北讀書生活的回憶」講座的實況報導，臉書上更是充滿了好友們熬夜派對的紀錄，彷彿整座城市都在感傷三十一歲的它即將結束營業。原本我也打算要去湊熱鬧的，但後來決定把時間拿來準備這個月的報告，同時好好思考這不知何去何從的未來。我一個人關在小房間裡，孤獨地想了一整夜，而我的倒數也在午夜後，正式進入了最後的三十天。

五月分的業績總算結算出來了，幾位同仁奇蹟式地在最後一刻簽進了幾張大單子，協助整個部門勉強通過老闆要求的最低門檻。就像是搶在關門時間前通過了馬拉松的折返點一樣，我的心裡其實沒有太多的興奮，因為接下來真正的考驗才正要開始。事實上，疲勞跟心理上的壓力早已悄悄地襲來，漸漸壓垮了每位參賽者的心，蠶食了原本單純的靈魂。

「有福同享，有難同當」這句話聽起來很美，尤其是在慶功宴吃吃喝喝的時候，當看見每個人臉上的笑容、嘴邊的啤酒泡沫，你真的會以身為團隊的一員為榮。

可是當真正的天災人禍降臨時，你才會明白其實「夫妻本是同林鳥，大難來時各自飛」這句話才是真的。親眼瞧見職場上每個人勾心鬥角、爭權奪利、互揪瘡疤的嘴臉時，除了會懷疑起過往曾經美好的一切，更會發誓從此再也不輕易相信人性。

曾有位董事長前輩輕描淡寫地告誡過我十字箴言：「日久見人心，患難見真情。」他管理龐大事業，識人用人的最大祕訣就只有「信任」二字而已，這個標準凌駕在「能力、智慧、手段、操守」之上，是他挑選心腹家臣時的最大考量。那時的我只聽懂了一半，直到這天晚上，我才總算懂了！

在過去的三十天裡，我每天真誠地面對自己，希望能透過寫作的過程發現些什麼。三十天一晃眼就過去了，就像是電影裡快轉的鏡頭一樣，身邊的人們來來去去，太陽起起落落，心情好好壞壞，我做了些從沒做過的事，更想了些從沒思考過的問題。對於未來雖然還是不知何去何從，但發覺心裡沒那麼恐懼了。

現在的心情就像是站在高空彈跳的跳台上，看著眼前壯闊的景色，思考接下來是該信心滿滿地縱身一跳，抑或是瀟灑地脫下裝備轉身離開。跳或不跳其實已經不再重要，我只是需要替自己做出一個決定，一個由我做主、發自真心的選擇。

上班族都該領悟的道理

就算失去一切，我們依舊擁有選擇的力量。

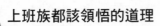

倒數29天

「只要音樂還響著的時候，總之就繼續跳舞啊。我說的話你懂嗎？跳舞啊。繼續跳舞啊。不可以想為什麼要跳什麼舞。不可以去想什麼意義。什麼意義是本來就沒有的。一開始去想這種事情時腳步就會停下來。一旦腳步停下來之後，我就什麼都幫不上忙了。」

——村上春樹《舞，舞，舞》

每當想不出文章開場白的時候，我都會看看經紀人好友臉書上的訊息，我倆就像是芭蕾舞的雙人舞者般，彼此心領神會，無意識地配合著對方的舞步，汗水淋漓地不斷跳著。沒想到原本屬於我一個人的倒數，突然間竟然變成了他的計時，而就在昨天，他終於停下了舞步，正式離開那曾經屬於他的舞台。

跟我不同的是，經紀人好友早替自己安排好下一步，跳脫原本的工作思維，正式成為一個半自由的斜槓工作者。我衷心祝福他能夠在更大的舞台上繼續跳下去，舞出屬於自己的精彩、舞出無限可能的未來！

趁著週末的時候，我跟一位好久不見的老朋友丹尼見了面，十年前的他經歷了跟我幾乎相同的情況，經過風風雨雨才順利地從低潮中走了出來。身為當事人，我們總會以為發生在自己身上的故事是獨一無二的存在，殊不知，相同的命運戲碼其實已經上演過不知多少回，只是你不知道而已。每個人都有祕密，那些不願意承認的、無法說出口的、不想接受的，都是祕密。我先主動跟丹尼坦承了我的祕密，接著他也跟我交換了他的祕密，我的天使又多了一位，就在後半段旅程啟動的第一天。

丹尼經歷了多年的努力，才剛順利取得了人類圖分析師的資格。他給了我一些建議，全部都是關於我個人的，沒有一樣跟工作有關，因為一切問題跟煩惱的根源，總是出在自己的身上。我就像是突然間失去一切的奇異博士一樣，赤裸裸地站在啟發他的古一法師面前，坦然面對自己的內心，期盼著覺醒的到來。

古一法師說：「並不是因為你多渴望成功，而是因為你太怕失敗。」

看著自己略嫌浮腫的雙手，我已經超過四十八小時沒碰酒精了。這兩天我做了個決定，要改掉一些舊的習慣跟思維，就像以前在工廠時一樣，如果產品老是出問題的話，一定要從設計跟製程上進行改善，才能一勞永逸。四十五歲的我，每天都帶著同一顆腦袋、透過同一副身軀、在同一個工作崗位上、幹同樣的事，每天的產出結果當然也會一模一樣。

上超市結帳時，老婆不解地看著帳單，讚嘆地說：「咦～今天怎麼才花了八百多塊？以前最少都要一千多元？」我低頭不語，暗自悼念那些留在貨架上的啤酒跟下酒零食。老婆知道我工作壓力大，對於我喝酒的事總是睜隻眼閉隻眼，至少在家裡眼見心安，就當多養個沒用的大孩子罷了。

除了少喝點酒之外，我也打算少吃點垃圾食物。這些年來體重始終居高不下的結果，除了讓自己看起來老態龍鍾之外，更是整天精神萎靡，整個人有魂無體似的。

在接下來的日子裡，我決定讓自己做些改變，無論是從 Input（輸入）、Process（過程）、還是最後的 Output（結果）。雖然時間所剩不多，不過就像是作家黃大米送給我的書上寫的一樣：「成功只有兩步：第一步，跟堅持到最後一步。」

我不知道結果會是什麼，不過一定會跟現在不一樣，我有信心，明天一定會變得更好。

上班族都該領悟的道理

改變，就從此刻開始。

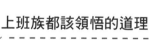

倒數28天

凌晨三點，老闆傳來了訊息：「很抱歉，你雖然盡力了，但是無法達到我的要求跟未來的機會，因此我這邊會讓你和一些人離開。」

雖然這個月我帶領團隊達成了老闆要求的最低門檻，但很遺憾的，我還是沒法達到他心裡的期盼。期盼這件事就像愛一樣，你永遠不知道底線在哪，到底要付出多少才能夠被肯定以及滿足？只有在分手的那一刻，才會明白原來對方一直覺得你愛得不夠，而自己，早已筋疲力盡……

清晨起床看到訊息後，意外地沒有太多的情緒，只有種解脫的感覺。我寫了一封長長的信給老闆，表達我的遺憾，也提出了我的回應。

今天沒時間寫文章了，祝福我，還有明天……

上班族都該領悟的道理

如果還有明天／你想怎樣裝扮你的臉／如果沒有明天／要怎麼說再見——薛岳〈如果還有明天〉

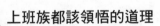

倒數27天

天亮了，我躺在床上，戴耳機聽著年輕時曾經陪伴我走過失戀的歌，雖然那英已經變成大嬸了，她唱的歌總是能讓我退化的淚腺有回春的感覺。不過今天是第一次，聽歌時腦中浮現的不是深愛過的女人，而是真心相許過的老闆。

我想起你描述夢想天堂的樣子
手指著遠方畫出一棟一棟房子
你傻笑的表情又那麼誠實
唯一收容我的卻是自己的影子
想跟著你一輩子，至少這樣的世界沒有現實
想賴著你一輩子，做你感情裡最後一個天使
天亮了，我還是不是你的員工？

我常覺得自己的人生除了坎坷之外，更充滿了戲劇般的強烈張力。譬如昨天，就是一個最典型的代表日。一早我從地獄爬到了天堂，下午又從天堂跌回了地獄，大喜跟大悲在同一天出現，像洗了場激烈的三溫暖，更像是做了一場夢一般。

這輩子沒去過台北一〇一大樓八十九樓觀景台的我，上週突然收到邀請，受邀體驗首次對外開放的一〇一樓觀景台、以及更高的一〇一 RF 層「Skyline」天空步道，沒想到在登頂日的凌晨三點，卻突然收到了老闆要我走人的通知。站在一〇一的入口處，我抬頭看著那高聳雄偉的大樓，心中問著上帝：「這是您精心安排給我的最後一個舞台嗎？」

【新聞快訊】四十五歲的 X 姓中年男子，今日上午於一〇一大樓的天空步道導覽行程中發生意外，不幸自海拔四百六十公尺的高度急速墜落地面，當場宣告不治，結束了他平凡無奇的一生。

在換了三部電梯、穿上安全裝備、又爬了一小段樓梯後，終於抵達傳說中的台北高樓最高點。我靠著安全護欄望著遠方公司的方向，感受吹撫在臉上的風與此刻的心跳。旁邊的安全警衛離我很遠，我應該能在他阻止之前順利地完成不可能的任務，解開安全纜繩、跳出護欄，用比湯姆克魯斯還帥的姿勢縱身一躍，完美落地。

這真的是一輩子絕無僅有的機會了。除了能瞬間登上國內外新聞媒體之外，更能順利創造一個話題，行銷台北這個美麗的城市及雄偉的一〇一大樓……

可惜我還有千萬房貸、兩個小孩、一個老婆、和年邁的雙親要照顧。我要求多繞一圈，完整地欣賞了七二〇度自己土生土長的家鄉後，回到了景觀餐廳，跟熱情招待我的一〇一高層主管一起享用完精緻的餐點，回饋給他一些關於行銷宣傳以及產品規劃的建議後，我坐上時速高達六十公里的快速電梯，只花了短短的三十七秒，就從天堂瞬間回到了地面。

老闆下午緊急通知全部門的同仁回辦公室集合開會，要布達重要事項。

在捷運上，身旁的小慧如同往常地睜著她水汪汪的大眼睛、皺著眉頭問我：「上個月我業績沒達標，老闆是不是決定要裁掉我了？」

我堅定地用自己的小眼睛看著她回答：「應該不會啦，因為你一直都很認真，老闆都看在眼裡。」

回到氣氛不怎麼好的辦公室後，老闆花了一個小時的時間對著我以及部門的同仁說了很多心裡話，還事前在白板上寫下四大重點。他真的是個認真的好老闆，所以我死心踏地跟他跟到現在，即便遇到了這件遺憾的事，我還是真心認同他的一些想法，也支持他的大部分做法。

只是無奈的是，他心裡盼望的很多事是目前的我做不到的，因為在職場上就是這樣，那些有權有責的高層都不一定能搞定的事，無權無責的我們一旦不小心觸碰了，就會像開啟潘朵拉的盒子一樣，瞬間釋放出人性的所有邪惡：貪婪、虛偽、誹謗、嫉妒、痛苦等……

中階主管就像夾心餅乾般，總是有苦難言、裡外不是人，默默承受著職場上的一切苦難。

管理團隊的重責大任即日起轉交給頭兒負責！老闆正式地向大夥兒宣布了這個決定。我心甘情願地雙手奉上兵權，我一直相信頭兒能夠解決那些我無力處理的衝突跟挑戰，因為權力的武器一直都在他身上，而我就像是個只拿著石頭的原始人一樣，儘管終日辛苦地打磨，依舊一事無成。

此時的我很好，感覺彷彿卸下了千斤萬擔般的重責大任。**弔詭的是，直到放下後我才明白那些期待跟盼望原來是如此地沉重。**無事一身輕的現在，終於可以好好地踏出接下來的第一步了。

上班族都該領悟的道理

你給我一個到那片天空的地址／只因為太高摔得我血流不止——那英〈夢醒了〉

倒數26天

男孩蛻變成男人的學習之路，通常是從成為主管、或是當上父親的那一刻正式開始，你必須扛起責任，同時擁有愛人的能力，才能夠成為一個正港的男子漢，保護自己心愛的人、好好活在這個美麗又殘酷的世界上。

經紀人好友捎來了訊息，說有位讀者寄了個包裹要轉交給我。我倆約在捷運站碰了面，打開一看裡頭原來是本書，還有張親手寫的卡片，書的封面上用黑色的粗黑字體大大寫著《來談談那些痛苦的事吧！》。又驚又喜的我當機了五秒鐘。依照這兩天的心情，坦白說我一點都不想看，都已經很痛苦了，幹麼還要在傷口上灑鹽？這種感覺就像是你熱心地邀剛失戀的閨蜜一起喝咖啡，然後一坐下就劈頭問對方：「他是怎麼劈你腿的？」那好不容易稍微停止出血的傷口又瞬間被掀開，疼痛的感覺再度衝上心頭。

不過標題旁的幾個小字，倒是引起我一點興趣：「這世界很殘酷，但你確實還是能夠自己做選擇！」

抬頭看了看很夏天的天空，我還是感恩地收下這份天使送來的禮物。我拍拍經紀人好友的肩膀，謝謝他一路陪我奮戰到了今天，無論未來如何，這都會是場無怨無悔的旅程！我像個敗選的政治人物般，謙卑地說出心裡的感謝。把沉甸甸的包裹放進背包，坐上捷運，再度回到了那既熟悉又陌生的辦公室。

三位打扮入時、端莊優雅的女性正微笑著坐在我的面前，她們代表全宇宙工程師都想加入的G公司前來拜訪。我依舊代表公司滔滔不絕地介紹了我們完整的服務、過人的實績，以及無可限量的未來。G社注意到了我們前陣子幫他們的產品對手C社辦的苦差事，火速派遣了美麗的大使們前來取經。聊了整整一個半小時後，大使們開心地驅車離開，回公司準備接下來長期合作的企劃提案。揮揮手送走她們後，我脫下了身上穿的隱形華麗袈裟，小小聲交代身旁的小慧：「下回她們來時，就說我去西方深造了……」

下午，透過關係拜訪了一位資訊業的董事長，拜託他幫忙我們一個案子的外包開發。這個案子雖然預算有限、利潤不高，卻能建立跟台灣最老電視台的長期信賴關係。更重要的是，這筆收入關乎部門內另一位同仁的去留，他跟我一樣有兩個孩子要養，雖然幸運地沒有千萬房貸要擔，不過我真的希望能夠幫助他留下來。

自從當了父親之後，在陪伴孩子長大的過程中，你會開始默默地從舞台上退下，交給下一棒演出。有些仁厚的孩子會懂，也有些被寵壞的孩子會誤解，而在這個世代交替的過程中，你可以明明白白地觀察出：誰會是通過人性考驗的明日之星，除了可以委託重任，更可以支撐起未來的一片天。

就像是鐵達尼號即將沉沒時的最後那幕，身為主管最大的責任就是將救生艇備好，讓那些值得託付的船員們離開，然後自己回到甲板上繼續優雅地演奏音樂，目送大家平安離開，直到最後的那一刻……

深夜裡，無法成眠的我摸黑起床，把今天收到的書一口氣讀完。坦白說，這本書跟我想像的完全不同，沒想到其實是本父親寫給女兒的家書，充滿了真真切切的愛，以及作者本人過往痛苦的經歷。更令人驚訝的是，我們提出了許多幾乎相同的觀點，像是：「即便如此，你仍有選擇」、「總會有辦法解決的」、「問題的根本不在外部，而是在你的內部」。

世上的真理其實再簡單不過，可惜的是我們總自以為是地想要創造些什麼、證明些什麼，殊不知真正的大智慧，就藏在日常生活當中。

上班族都該領悟的道理

這世界很殘酷，但你還是能夠選擇。

倒數25天

讀工業工程管理出生的我，一直對「企劃」很感興趣，學校裡學過的「產、銷、人、發、財」五管課程裡都沒有教過這件事，在工廠工作的那些日子裡也沒什麼機會寫企劃書，直到我捨棄了人生第一個穩定的十年、跳入第二階段波濤洶湧的人生時，我才開始學會企劃的能力，更深深體會到企劃對工作以及人生有多麼重要。

離開工廠後因為想要創業，我進入了某知名餐飲連鎖集團總部工作，一邊領著微薄的薪水一邊學習，除了要負責照顧好那些看起來很厲害的品牌外，更得在試用期結束前提出一份「集團品牌營運改善計畫」。我花了三個月的時間從頭學起、邊做邊摸索、邊做邊體會，為看起來好端端的帝國提出將來十年的改革計畫。那些在工廠鍛鍊出的解構能力、解決問題的思考能力，在不知不覺中派上了用場，除了讓我順利通過了試用期，還從主任晉升一級成為襄理。

我在一年後就離開了那間公司開始創業，雖然後來我提的計畫一樣都沒有被執行，不過還是很珍惜在那段時間裡領悟到的兩件事情：

一、外表看起來越漂亮的東西越要小心，因為裡頭往往藏著不可告人的祕密，就像那些一直冰凍在冷死人的巨大倉庫裡、永遠不會壞掉的萬年食材。

二、所有老闆給你的職稱都是假的，一方面不值半毛錢，二方面別人也不一定買單。我直到現在都還是搞不懂襄理跟主任究竟誰比較大？不同的人總會給我不同的答案。

對於此刻即將被迫展開第三段挑戰人生的我而言：企劃就是對於未來的想像、態度、應變、以及執行能力。**企劃跟計畫不一樣，計畫可以一成不變，但企劃必須一日三變，順應局勢不斷進行調整以及修正，才有實現的可能性。**

依照預定的行程，上午我獨自來到了一間名字很像冷凍食品加工廠的公司拜訪，跟年輕老闆聊了很久。我打從心裡喜歡這份工作的其中一個原因就是，除了能夠正經地談生意上的合作，更能從優秀的工作者身上學習到他們獨特的思維、想法及策略。一個好的創業者，絕對擁有過人的企劃能力。

我們聊了很久，尤其是接下來的那些合作機會更是讓人雀躍不已。當離開那長得跟我小時候的老家一模一樣的懷舊辦公室時，我才突然想起來自己接下來應該沒有機會幫上忙了，原本溢滿出來的熱血瞬間被澆熄，我低頭走下那漂亮的磨石子舊樓梯，回到了屬於自己的地面。

剛走出公寓樓梯口，手機響起，老闆傳來訊息，正式通知讓我離開公司的決定。

找了個陰涼的角落，仔細看著他打的每一個字，就如同年輕時收到的那些分手信一樣，一個字一個字仔細地讀、一段一段認真地看，拚了命地想要理解跟接受。我有股衝動想要馬上回覆「收到」兩個字，不過腦中瞬間浮現了這段時間在臉書留言鼓勵我、支持我的每一位讀者們的提醒：一定要捍衛自己的權益！

我還是回了老闆訊息，除了「收到」兩個字外，也打上了「希望依照勞基法頒布的資遣流程及規定進行」。他已讀，不再回覆。

就像是連續劇的萬年劇情，那些曾經深愛過的夫妻離婚時，總得經歷最後一段赤裸裸的財產分配、以及子女監護權之爭。雖然心已死了，不過肉體還是得活下去，尤其是雙方愛的結晶，更得延續下去。幸好我只是個年華逝去的老員工而已，不像老闆前任的合夥人一樣難處理，成熟的人分手就得乾脆俐落，一覺醒來，地球將依舊轉動，而你我各自過活。

夜裡，我穿上最愛的一件T恤，重新回到了曾經陪伴我跑過無數挫折的河濱步道。今天的天氣很悶熱，才跑一會兒的功夫已經全身溼透、舉步維艱。每回砍掉重練、重新起步的感覺總是如此辛苦，即便經過了這麼多年，我還是沒什麼長進。不斷被身後的跑者超越後，我在5K時停下了腳步，開始慢慢走，邊走邊回想這些日子裡發生的一切。

激烈的心跳趨緩、汗停了，我開始感受到吹在臉上的風、還有草叢裡的蟲鳴聲，走著走著突然有點想家了，我想回家抱抱兒子、女兒和太太。這時突然有一團跑者超過了我，我不假思索立即黏了上去，暢快淋漓地跟他們一起跑了一段，直到往回家方向的那個交叉路口。

目送他們一夥離開的時候，我彷彿看見了老闆的背影，以及他背後長出的翅膀，上帝差遣天使們來陪伴失去信心的我，提醒自己其實並不孤單，只要找到了下一個人生階段的夥伴，就能繼續上路，完成未竟的旅程。

Challenge Accepted，我的第三段挑戰人生，正式鳴槍起跑！

上班族都該領悟的道理

計畫永遠趕不上變化。邊走邊修正，才是好策略。

倒數24天

前幾天去Skyline天空步道參觀的時候，如同一〇一大樓般清高的營運主管跟我聊起了跨年煙火秀，五分鐘的演出一共使用了一萬六千發煙火、耗資六千萬元、事前準備長達三個月的時間。在絢爛的背後，充滿了不為人知的付出、堅持，以及努力。

今天中午十二點三十分整，我走出了公司大門，正式結束了自己這場充滿驚喜、精彩不斷的離職秀。只花了不到兩個小時的時間，就把過去三年來累積的點點滴滴，一次盡情地燃燒殆盡。

回想這三十六天以來心裡的那些煎熬、恐懼、未知、以及懷疑，我真心覺得自己是個傻子，跟人事核對完了資遣通知信的內容，跑完離職申請單上的所有流程，把桌上跟櫃子裡的東西收好，我背起背包、提著手提袋，跟頭兒還有幾位老同仁握手致意後，頭也不回地離開了辦公室，整個過程就像週末不塞車的雪隧般順暢到不可思議。除了我那個小小的白色IKEA收納櫃。

二〇一七年的耶誕禮物交換派對上，我抽中了那個收納櫃，它原本的主人在加班返家的路上遇到意外，永遠離開了我們。每次業績不好的時候我都會摸摸那個櫃子，祈求變成天使的她能幫助我們，讓她用生命守護著的這間公司能夠多掙點錢，順利營運下去，也讓我能夠繼續待下去。我對著櫃子說出心裡對她的思念跟感謝後，決定把它留在這兒，守護所有留下來的同事們。

心還是有點痛，走起路來有種失魂落魄的樣子，這讓我想起了好久好久以前失戀的感覺。太太料準了我這沒路用的模樣，一早就預約了「雷射除斑」療程，要我把事辦完後立即過去陪她一起享受。大姐，你有沒有搞錯！竟然要一個剛辦完離職手續、四十五歲的心碎男人走進一輩子沒去過的醫美中心做臉？我心裡又氣又笑，不爭氣地答應了她的安排，慢慢地走往醫美中心的方向……

經歷了如同新車交車儀式般隆重的說明、簽署一堆同意書後，我看起來一臉廢廢的，躺在充滿香水味的粉紅色床上，護理師溫柔地幫我洗臉，躺在一旁的老婆微笑地看著我心猿意馬的模樣，感覺就像被洗乾淨後要進貢給河神的祭品般，我心裡充滿了不安的感覺。

護理師引導我進入手術室，交給我兩顆摸起來觸感極佳的矽膠球，還交代我待會可以盡情地揉捏。之後的那段時間，我只感受到電流通過臉上的刺激感，聞到臉上寒毛的燒焦氣味，還有聽見自己的心跳跟喘息聲。直到院長放下手中的雷射儀器，我才氣力放盡地放下手中差點捏爆的那兩顆球，喘著氣回到一開始的粉紅色床上。

因為實在太痛了，我失去意識昏睡了一會兒，直到護理師溫柔地把我喚醒為止。

老婆的療程此時也結束了，我倆一起離開房間回到接待區，護理師貼心地提醒太太：「您的療程還剩下一堂，記得有空再預約回診喔！」太太同時間溫柔地轉頭望向我，兩雙美麗的眼睛同時看著我滿是傷口、慘不忍睹的臭老臉龐。我思考了三秒後，乖乖打開背包、掏出皮夾，拿出亮晶晶的信用卡。

「下個月就是你生日了，就當生日禮物吧！」

沒想到下個月才能領到的資遣費就這樣貢獻給了偉大的太太，我心甘情願地領受了刷卡單。上帝派來這兩位美麗的天使，用肉體上的苦難移轉了我心裡的痛，以隱喻提醒我：得盡快找到新工作才行。

帶著身心雙重的打擊，走在回家的路上。我突然看見一位跟我年紀相仿、穿著跟我雷同、也背著背包的中年男子，他長得跟我一樣平凡，臉上帶著微笑向我走來。錯身而過時，我發現他失去了雙手……

雖然發生了這麼多事，受上天眷顧的我依舊好好地活在這個世界上，除了四肢健全、腦袋清楚，還擁有很多人都羨慕的家庭以及生活。每天持續攀升的全球疫情統計數字提醒了我生命的可貴、生活的無常。

這兩天持續收到了跟我一樣突然被資遣的讀者訊息鼓勵，我們除了彼此祝福外，更約定好要一起走過接下來的日子，無論如何，都要好好地活下去！

一早醒來臉上的傷口還是有點痛，不過感覺心沒那麼痛了。

上班族都該領悟的道理

在頂端時懂得謙卑，在低谷時學會感激。

倒數23天

俗話說：「好事不出門，壞事傳千里。」紙總是包不住火，我離開前公司的消息傳出去後，開始收到了諸多好友們的關心以及詢問：

「怎麼這麼突然？」

「就業績不好啊！」

「怎麼可以這樣！？」

「擠不出奶的乳牛就得處理掉啊！」

對話的內容差不多都是這樣，在回覆了一整個晚上的訊息及留言後，手機電力終於用盡，我也不支倒地，沉沉地睡去……

在夢裡，護理師溫柔地交代我：「術後一週內請避免照射陽光及激烈運動。」早上我跟一起運動的老同學們請了假，一方面是依照護理師的囑咐，二方面也怕自己的臉嚇到大家，大夥兒體諒地沒多說什麼。面對剛失戀的人最好的安慰方法，就是先讓他一個人好好地靜靜。

時間可以帶走一切，無論是好的、壞的、開心的、難過的，當你慢慢地忘了，一切都會回歸平靜。

出乎意料地，我收到了小巢傳來的訊息，他整晚沒睡，向我坦誠了很多心裡話。

我寫日記的事沒有跟任何公司裡的人說，當然也包含了部門內的同仁。我不知道小巢是什麼時候發現我的祕密，不過那已經不重要了，祕密從來就不是祕密，不是不爆、只是時候未到。雖然很想當面拍拍他的肩膀，告訴他別太難過，不過已經沒機會了。人生只能不斷地向前進，受傷了就會流血、血停了就會留下傷痕，而那道深刻的傷痕，就是我們成長的證明。

小巢，要記得愛對人，也別再不小心傷害真心愛你的人了。祝福你，早日買到好房子、擁有幸福美滿的好家庭。你一定也能擁有像我擁有的一切，遺憾的是後來的你可能什麼都有了，卻不再有我這個朋友。

看到小巢訊息的同時，我正帶著全家人在ＩＫＥＡ享用難得的早午餐，我們花了長長的時間一起慢慢吃飯、逛傢俱賣場，最後還買了新的靠枕跟杯墊回家。我有一個幸福美滿的家，這是花了一輩子的時間才慢慢建立起來的，所以我一定會好好地繼續守護著家人，就像當初認真地保護部屬一樣。

今天發生了件大事：台灣地方自治史上，首位被罷免的直轄市長誕生了，就在我被資遣的隔一天。看著他原本被拱上台、自信滿滿的樣子，到此刻被拉下來的落魄場景，以及在政壇起起伏伏的經歷，突然發現與我自己的職場生涯有些雷同。

週六傍晚，原本是結算每週業績跟彙整報表的時刻，但現在我電腦開啟的不是

Excel、也不是PPT，而是明天要更新的日記。真棒，我再也不需要做那些徒勞無功的報告了！

依照勞基法規定的二十天資遣預告期、加上還沒休完的七天年假，我的離職日就像是寫好的劇本，巧合地落在七月一號。這除了是我當年考大學聯考的日子、初戀女友的生日、更是我最愛的這份工作忌日。我是何其幸運，能依照心願完成最後這六十天的倒數日記，繼續分享我此刻的生命，給正在閱讀的人們。

上班族都該領悟的道理

面帶微笑離開你懷裡／我聽天由命——張惠妹〈我恨我愛你〉

倒數22天

年輕的時候我交過一個大我八歲的女朋友，也跟小我超過一輪的女生在一起過，我從來不覺得年齡的差距會是問題，因為我的父母就差了十八歲，爸爸是飄洋來台的老芋仔、媽媽是台灣土生土長的辣蕃薯，當年他們談了一場轟轟烈烈的愛情，不顧一切地把我生了下來。父親用生命當作賭注、抱得美人歸的傳奇故事，將永遠在我們家世世代代流傳下去。

週日午後下起了大雨，母親突然打來電話：

「你怎麼又沒工作了！」

「啊就公司生意不好……」

「你喔，能不能讓我少操一點心！」

「我也沒辦法啊……」

母親大我兩輪，跟我一樣屬虎，屬狗的父親總是搞不懂為何我們這兩隻老虎老是吵個不停，明明心裡時時刻刻都在掛念著對方。我老記不得父母的實際年紀，每回都得先問老婆她今年幾歲了？然後往上加、再往上加、繼續往上加。這個數學公式很簡單，結果卻很殘酷。今年四十五歲的我，母親已經六十九歲，而父親竟然已經八十七歲了。

在電話裡，母親沒多說什麼，但我聽得出她的擔心跟無奈。她交代說自己這兩天身體不舒服，要我們待會別帶孩子回去吃飯了，每週日的晚上是我們一家團聚的日子，這些年來從沒變過。我聽完鬆了一口氣，一方面是擔心讓她看見我毀容的臉，二方面也真的沒什麼臉回家見她。

沒記錯的話，我國小寫的第一篇作文〈我的志願〉內容是：全家住在一起，過著幸福美滿的日子。出社會後打拚了這麼多年，平凡的我沒讓父母親過一天好日子，還老是讓他們替我操心，創業跟買房也都是靠母親不知從哪兒變出來的存款挹注幫忙，才讓我能夠僥倖地活到現在。

掛上電話後心裡覺得很慚愧，想著想著竟然睡著了。我躺在原本準備給父母的孝親房床上睡了個長長的覺，夢裡的自己依舊乖巧、是個不曾讓他們擔心的好孩子……

幾位好朋友開始幫我介紹工作，看著那些感覺很厲害的職缺時，我不禁懷疑自己會是他們想要的人才嗎？不過我答應了上帝，每一個機會我都願意嘗試，也會好好把握。我突然想起了其實三年前進入公司時，也是差不多的狀況，這個公司給了我一個工作機會，我也感恩地奉獻至今，就像談了場轟轟烈烈的戀情一般。

朋友丹尼傳來一首歌，ＭＶ裡五月天的阿信嘶吼唱著：「如果要讓我活／讓我有希望的活／我從不怕愛錯／就怕沒愛過」。

我真真切切地愛了一場，雖然沒法像我年邁的父母親一樣，幸福地長相廝守到最後，但依舊無悔。

一位老闆請我傳 CakeResume 或是 Yourator 的履歷給他參考，我才發現自己只有用過一〇四人力銀行跟 LinkedIn，而且好久沒更新了。好笑的是這兩家新創公司都是我服務過的客戶，而自己卻還沒用過他們的服務。時代的巨輪無情地向前滾動，我們唯一的生存之道就是隨著巨輪的方向前進，才能跟上時代的腳步，讓自己永遠站在最新一波的浪頭上。

母親說今天要去行天宮拜拜，我心裡明白一定是為了我去的。事實上前幾天我才剛去了一趟，除了稟告恩主公自己又搞砸了工作的糗事外，也答謝恩師一直以來對我們全家的照顧，請保佑年邁的父母親健康平安，也祈求自己能順利度過這次的難關。雖然不知道父母親還能等待我多久，才能讓他們過上好日子，不過至少我會好好活著、不讓他們再替我操心，也會繼續努力，做我孩子們的好榜樣。

新的一週開始了，今天不用上班，我很開心，一點都不 Blue！

上班族都該領悟的道理

人和萬事興，家和萬事成。

倒數21天

昨天有位在廟裡服務的東方天使突然私訊我，說想幫我寫張祈福卡，請財神爺幫忙我找工作、請月老賜我貴人、請皇母娘娘賜我平安。她是透過朋友分享看到我的文章，恰巧的是她即將在這天離開這份助人的工作，勇敢投入下一個舞台，希望能在離開前完成神明交付給她的最後任務。

她問我：「你的心願是什麼？」

我想了想，決定請她幫我在祈福卡上寫下：想要找到一個適合自己，能夠發揮能力，也可以幫助很多人的工作。

很久以前，我曾經短暫進入一間跨國的電子代工廠工作，辦公室裡除了窗明几淨，更是格外清幽安靜。我一整天真的說不到兩句話，因為那兒的員工都低頭躲在自己的小隔間裡忙著手上的工作，放眼望去一整層樓寂靜無聲。所以之後我找工作面試時，都會要求面試官讓我看一下工作的環境。我是個菜市場出生的孩子，比較適合有人味的環境。

環境很重要，找到適合自己的環境才能體會到如魚得水的暢快感受，**平凡的我們沒法改變環境，但可以選擇環境。**

在工作了一段時間，成為職場的老鳥後，每個人都會想要擁有自己的一片天，無奈抬頭望去總是烏雲密布，那些比你早來的、官位比你還大的、關係比你還好的、心機比你還深的競爭對手們，早就堆疊起了一層層看不見的結界，阻礙你的發展。平庸的你無力掙脫，只能鎮日鬱鬱寡歡、有魂無體地過日子，直至山窮水盡、離開公司的那一日。

孫悟空被壓在如來佛的五指山下整整五百年，縱有天生神力卻什麼都發揮不了，只能乖乖期待與唐僧命中註定的相逢時刻。等待很苦，不能發揮能力更苦。

好不容易走盡千山萬水，擁有了自己的一片天後，你除了會開始厭惡起那些機關算盡、打打殺殺的日子，也會領悟到只靠一個人的力量是沒法繼續走下去的。這時候工作的意義就會由個人的成就轉變為團隊的意識，你再也不需要證明自己究竟有多強，但要想辦法讓身邊的夥伴變得更強，最好遠遠超越自己，比所有人都強。

助人者人恆助之，把手打開，才能擁有整個世界。

在神明面前不能說謊，我許的心願是真的。就像那句母親老是叮嚀我的話：「別老想出人頭地，安安穩穩地過日子就好。」雖然我過去從一隻張牙舞爪的獅子蛻變成被馴服的狐狸，下一份工作我應該會選擇變回獅子，但會是隻善良的獅子。

拜託神明幫忙，能夠實現我的小小願望。

我的父親是天主教徒，母親是拿香拜拜的虔誠信徒，我會陪父親上教堂、也會跟母親去廟裡。我從來就不喜歡選邊站，無論是宗教、政黨、或是公司裡頭的派系。今天是沒上班的第一天，我用電視看了搞笑的《聖☆哥傳》，故事裡頭佛祖跟耶穌在度過世紀末後到人間度假，在東京一起租了間公寓，過起了同居的生活。那，真的是我理想中的世界。

我在大企業服務時曾經拿過一個「年度最佳溝通貢獻獎」，那時我同時負責了很多專案，每天都在處理那些利害衝突、利益關係的麻煩事。我判斷的標準其實很簡單，只要出發點是對的、方向是好的、能夠達到目標，我通常都會超越部門或是個人的本位主義，願意接受並且配合執行。很多事情當下看起來可能是種委屈，但日後回頭來看，你會發現犧牲得有價值、有意義。就像這次我離開的事，一定可以讓公司變得更好。

經紀人好友看不下去我這一路來受到的委屈跟忍讓，又傳來了訊息：「意義是三小啦！別忘了你還有家庭要養！」

我問了他一個問題：「如果有一天你走在路上，不小心踩到了大便，很臭很臭的那種。你會馬上停下腳步把大便清掉？還是視若無睹地繼續走下去？」

他秒回：「當然馬上就弄掉啊，噁心死了！」

我接著說：「兩種方法我覺得都不好，除了要浪費很多的時間外，更得忍耐那臭死人的味道，其實最好的方法是『千萬別踩到大便』才對！不過既然已經不小心踩到了，只得趁臭味飄出來前清理乾淨、把髒東西遺留在原地，才能清爽地繼續向前進。」

我打算頭也不回地繼續往前走，看清楚接下來的路，別再踩到髒東西了。至於留下的那坨究竟是大便還是黃金，已經與我無關了……

上班族都該領悟的道理

放下那些不會讓你更圓滿的事，原諒並寬恕自己。

倒數20天

不用去上班的第二天，開始覺得有點無聊了。手機裡還是不斷湧入朋友們的關心跟問候，我耐著性子一封封回覆、說約時間吃飯聊聊、最後留下一個擁抱的貼圖，結束對話。滿心感恩地領受這些關懷的同時，我總會回想起那些跟朋友們一起經歷過的事，那些屬於我們的故事。

長得一點都不像蘋果的蘋果姐姐除了是我的客戶、更是我尊敬的長輩，她身上有種遠遠就飄出來的氣質，就像是蘋果的香味一樣，只要有她在的地方即刻滿室馨香。出版業出身的她，在人生中途轉了個彎，誤打誤撞進入了一間知名的酒藏，在服務多年後毅然決然提出辭呈，打算勇敢迎向人生的下一個目標。

蘋果姐姐約我一起喝杯咖啡聊聊，就在今天下午，我打算跟她交換我的祕密，請她給我一些接下來的建議。

從小就夢想成為幼稚園園長的園長，跟我一樣從大企業離開，經歷創業失敗、浮浮沉沉努力至今，終於成為一位專業的講師。雖然在她的演講台下坐著的不是小朋友，而是一位位正歷經職場變故的工作者、或是遭遇家庭傷痛的父母親，但她總算實現了目標，讓自己成為了一位具有影響力的生命教練。

中午和園長一塊兒吃了飯，她擔心地看著我說：「你看起來不好，像受了傷一樣。」我點點頭，低頭吃著沙拉，像頭專心舔著水果的獅子。我們聊了好久，交換了彼此這段時間的心情跟祕密。有越來越多人知道了我的祕密，希望當有一天我能夠將祕密完全敞開在陽光下的時候，那會蛻變成為我身上的一個印記，閃閃發光、美麗奪目。

在跨國集團服務、看起來很像美少女的叮噹前幾天破了相，在可愛的臉上留下了一道深深的傷口。我心疼地交代她別省美容膠帶的錢、要好好護理傷口，也祝福她接下來有更好的發展，她五十一歲的大老闆前幾天突然宣布退休，把經營的棒子正式交給年輕一代。文章報導上碩大的標題寫著「要求員工平均年齡二十七歲」，我笑笑地跟叮噹說你看起來才十八歲，前途無量、好好把握機會！

以我的年紀，在年輕的前公司裡，一直是個異類般的存在，總被老闆笑稱像是個和藹的爸爸帶著一群兒女。我一直很想跟他說：「其實我的心比大部分的同仁都還要年輕。」身為中階主管為了穩住團隊、保住飯碗、激勵士氣，必須先從慈母當起，管理也要陰陽並濟、恩威同施。

日後，少了我的這個團隊，平均年齡將立刻下降 N 歲以上，這是我最後、也是最傑出的貢獻了吧！

上班族都該領悟的道理

一路上美麗的，除了風景，還有人。

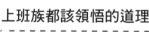

倒數19天

「讓喜歡的事成為生活。」這是我很喜歡的一句話。

小時候不知道自己長大後要做什麼的我，一直很羨慕那些擁有一技之長的職人，每天都可以專心地投入在一個領域的工作裡，日復一日、年復一年，然後成為一個真正的大師。平凡不起眼的我，身邊一直圍繞著一群不平凡的人們，他們每個人都是我真心佩服的對象。

最近，神奇的事接二連三降臨，讓我不得不相信上帝對我的眷顧……

一位讀者M在昨天的文章刊登後，立刻認出了蘋果姐姐是誰，再度給我捎來了訊息。我一則以喜，一則以憂，喜的是自己把蘋果姐姐形容得貼切，憂的是擔心自己再也藏不住身分。下午跟蘋果姐姐約在東區一間氣質非凡的茶飲店內交換了彼此的祕密，我們聊了很多，慢慢地喝著溫潤的茶，細細地品味彼此的人生。姐姐告訴我M其實是位赫赫有名的作家，除了品味卓越、更是位飲食生活的大師！

聽後慚愧不已，尤其想到M曾不只一次稱讚我文章寫得好看，我決定滿懷感激地接受這份肯定，能被專業作家稱讚，也算是人生一大成就。

跟蘋果姐姐告別後，再到一間咖啡廳，與前天捎來訊息的讀者Z碰面。她從第一天開始倒數就每天閱讀我的文章，直到最近終於決定邀我聊聊。Z是一位白手起家的創業家，跟我一樣是菜市場出生的，直覺告訴她，或許我會是那位一直在尋找的夥伴。看了她的網站跟商業計畫書後，我答應了跟她見面，就像是《愛麗絲夢遊仙境》般的情節，我聽到了一段不可思議的真實創業故事，還有充滿想像的無限未來。

我們聊了很久很久，直到被原本有預約的客人打斷為止，然後走到捷運站繼續聊，聊到她被手機裡傳來催促赴約的訊息打斷才告別。她離開後我還是有點不敢相信，我們真的是才認識兩天、第一次剛見面的網友嗎？

回到家後洗完澡準備睡覺，躺在床上收到一位讀者的留言，心裡覺得那名字有點熟悉，仔細確認後果真是我印象中的偶像小麥。她是一位超級優秀的策展人，平凡的我覺得不凡的她實在有夠酷！可惜優秀的她對我沒什麼印象，就像總是被女生發好人卡的宅男一樣，我寄給她的好友邀請，至今還停留在她個人臉書的待審核名單裡面。

我跟小麥約好了在六十天刊登結束後正式成為臉書的好友、以及日常生活中的真實朋友，或許我可以幸運地跟偶像一起喝杯咖啡，跟她要張簽名照，療癒這些年來的等候。

緣分真的很奇妙，不是嗎？四十天前一場突如其來的宣告，開啟了這段不知道目的在何處的旅程，在迎來了最不願意面對的結果同時，卻也意外獲得了從沒想像過的美麗插曲。真實生活中的我此刻看起來是場不折不扣的悲劇，但我心裡明白，其實這是場充滿創意及互動的舞台劇，所有演員不按劇本地即興演出，共同創造出那超越想像的最後一幕。

前天跟園長吃完飯後，她拿出一疊卡片要我憑感覺抽出一張，當作送我的禮物。我抽中的綠色卡片上頭寫著「沒有奇蹟，只有累積」。躺在床上的我看著那張卡片，仔細想著這幾天遇見的這幾位天使們，思索我過去究竟累積了些什麼，才有幸創造出今天的這些奇蹟？無論是與蘋果姐姐的過去、M的現在、還有跟Z以及小麥的未來。

暫時不用上班的我，早上五點起床寫作意外成了每天的生活重心，「讓喜歡的事成為生活」不再是句口號而已，而是我正在努力實踐的目標。我喜歡寫下昨天發生的事，記錄那些奇妙的緣分，同時想像自己精彩的下一步。

上班族都該領悟的道理

沒有奇蹟，只有累積。

倒數18天

葡萄樹冬天時會在雪中冬眠，可是一到春天，吸收了大量融雪，樹枒會沁出小滴露水。那種露水，被稱為葡萄的眼淚，只要看見那個露水，就可以得知葡萄樹醒來了。

在家閒閒沒事幹的我終於沒有藉口，可以耐著性子看完MOD的免費電影《葡萄的眼淚》，這部片子我從過年看到現在，每次不是被小孩打斷，就是沒感覺看不下去。其實我心裡真正想看的是《星際大戰》最新一集，不過那個要另外付費，我還是乖乖做出了負責任男人的選擇。

我常常覺得導演是很神奇的一個職業，他們可以集合一大群人熱血地拍出自己喜歡的片子，無論結果好不好看，那都會成為世界上不可抹滅的一個存在。從某個角度來看，創業開公司也是一樣的道理，老闆熱血地拿著創業計畫書找金主募資、找身邊的朋友遊說、找過去的人脈做生意，就是為了做出自己想要的產品或是服務。

結果證明，不好看又不賣座的電影很多，好看卻不賣座的電影不少，既好看又賣座的成功電影真的很少。四十五歲突然被資遣，一事無成的人生，應該毫無疑問地屬於第一種吧……

我對葡萄酒一直有點興趣，幾年前還去考了一張證書，那是花了好多年、好多錢、喝了好多酒之後才搞到的一張紙。每次在家裡穿著吊嘎跟短褲，故作高雅地搖晃著高腳杯時，我總會晃到那張懸掛在角落牆上的證書前，緬懷那段辛苦的歲月。有好幾年，我每週二的晚上都得騎著摩托車，趕去社大上品酒課，我不記得自己當初是靠怎樣的熱情跟傻勁挺過來的，總之我完成了課程，拿到一張掛在牆壁上的華麗壁紙。

類似的壁紙其實還有另外兩張，一張是還在工廠服務時，拚了老命拿到的一張國際認證執照。那時也是花了一大筆錢、花了很多時間補習，加上重考一次，好不容易才收到搭飛機寄來的證書。後來我發現那張紙真的有點麻煩，每隔幾年都要重新交一次保護費更新，便決定把它收進資料夾裡，當作沉沒成本，再也不去理會它了。

最貴重的一張壁紙是這些年才拿到的碩士畢業證書，那是在前公司服務時半工半讀取得的。當時我白天跑業務、晚上趕去上課，拚了命地賺錢付昂貴的學費，真的撐不下去時就跟媽媽借錢週轉，好不容易苦盡甘來，才完成父母親從小對我的期盼：成為一個真正的高級知識分子。可惜沒什麼用，我還是丟了工作。

不過那張畢業證書在去年搬進千萬貸款的老屋時不知塞到哪兒去了，我得趕快想辦法找出來，接下來找工作時應該派得上用場。

坦白說，我不大想再花時間、金錢跟力氣去拿更多的壁紙了，雖然壁紙會讓平凡的我有點虛榮跟驕傲，不過人生還有很多值得投資的事情，比如說陪陪小孩、看看電影、讀讀小說、或是像現在一樣寫寫文章。做這些事雖然不會得到壁紙，但會得到很多美好的記憶，就像是這六十天，將會是我人生中最值得珍惜的一段回憶。

昨天一共跑了四場跟天使的約會，從內子宮聊到外太空，生平第一次覺得自己還滿厲害的，竟然能夠同時聊這麼多種不同的產品跟服務，應該是過去經歷的坎坷人生累積至今的一些成果吧。雖然沒有半個老闆在當下跟我說出「來上班吧」這四個關鍵字，不過我還是很開心，因為感覺自己可以做的事應該不少。例如我家巷子口便利商店徵大夜班的海報一直都沒撕下來過，雖然錢少事多離家近，應該也是個可以考慮的好選擇。

最後一站來到了在永康街附近的酒吧，我一邊啃著台式炸物拼盤裡的鹽酥雞，一邊跟坐在對面的小天使分享這段時間的奇幻歷程。

他是政大的高材生，畢業後一頭栽進了最夯的區塊鏈產業，我們聊著那虛無飄渺的虛擬貨幣，喝著有夏天氣息的啤酒。今晚的酒感覺格外地好喝，應該是我好一陣子沒碰酒精的原因。

小天使最近在工作上有點卡關，猶豫著該繼續打拚下去，還是灑脫地換個行業重新來過，講著講著他年輕稚嫩的臉龐浮現了不安、眼角開始泛淚。而我彷彿看見了葡萄的眼淚，他閃閃發出象徵著希望的光芒，在即將展開新生的此刻。

春天一定會來，只要我們耐心等候。

上班族都該領悟的道理

任風吹乾／流過的淚和汗／總有一天我有屬於我的天——周杰倫〈蝸牛〉

倒數17天

早上洗完臉照鏡子時被自己嚇了一跳，臉上的疤掉了、斑少了、人也變帥了，跟上週五剛被凌遲完的慘樣比起來宛若新生，心情也感覺平復了一些，時間真的可以撫平很多傷痕，無論是生理上的、還是心裡面的。

知道我離開公司的消息後，昨天中午阿弟仔跟N請我吃飯，一個月不見的N看起來瘦了一些，她跟一派輕鬆的阿弟仔一起走進店裡。我開玩笑說：「你們倆該不會在一起了吧？」N嬌羞地用她一貫爽朗的笑聲回答：「怎麼可能，我只是跟他一起工作而已啦！」我們一邊開心的吃飯，一邊聊起過去這段時間發生的事情。

前陣子也離開了上一份工作的經紀人好友跟我說，他們成立了一個離職俱樂部的群組，裡頭加起來好幾十個人，每天都在熱烈地討論那些五四三的精彩事。我聽後渾身突然起了雞皮疙瘩，以前我住在山上的小房子時，山下有個小廟，裡頭擺滿了不知哪來的落難神像，原來無論是神明、人類、還是好兄弟，大夥兒都一樣怕孤單。

還在上班時，每回離開座位走去廁所的路上，我總會不經意地發現，每個人的電腦上都開啟著對話中的小視窗，我也常想著，除了必要的公事之外，他們究竟在聊些什麼？我年輕待在工廠的時候，每天都會掛在MSN上跟總公司的同事聊八卦、聽隔壁辦公室的阿姨講祕密、還有跟同期的兄弟打嘴砲。後來隨著工作越來越忙，坐在位子上的時間越來越短，就慢慢脫離這種耗費精神、八卦總機般的工作型態了。

阿弟仔淡淡地跟我說了一些我覺得不可思議的事情，那也是促使他決定離開公司的原因，他當初沒跟我說是因為怕我聽了會難過。N也講了一些其他同仁對她做過的事，我聽得目瞪口呆。真的很抱歉自己不是個盡責的好主管，竟然讓他們遭遇了這麼多委屈跟殘酷的對待，還好生命總會自己尋找出路，他們已經勇敢地替自己年輕的生命做出了更好的選擇。

N在離職後的某一天突然接到前公司打來的調查電話，被問了一堆莫名其妙的問題，提問者想要引導N說出口是心非的答案，還好她勇敢地拒絕那些先入為主的行刑式提問，堅持陳述我是一位真心待人的好主管。

我的部屬不是我的部屬，他們除了是我真心信任的夥伴，此時更是讓我感到驕傲的朋友。

雖然這些年遇到的傷心事讓我對人性有點失望，不過以比例來說，好事還是多過壞事，善良的人還是多過卑鄙的傢伙，光明的時刻永遠比黑暗來得久，所以我決定要繼續相信自己，相信那些值得信任的人，相信一切會越來越好。就像眼前勇敢的N跟阿弟仔一樣。

沒有心機、又不懂權謀的我心裡明白，除非自己突然發了大財，否則這輩子絕不可能成為一個人見人愛的傢伙。在商場上沒有永遠的敵人，在職場上也沒有永遠的隊友，今天與你並肩作戰的盟友搖身一變，就成了明天傷你最重的劊子手。自古到今，真心換絕情的劇碼每天都在重複上演著，日久見人心的道理永恆不變。時間可以帶走很多經不起考驗的虛偽，更可以留下如同鑽石般的堅定價值。

人類的煩惱，幾乎全都來自於人際關係。只有讓那些討厭自己的人們永遠離開心裡，人生的幸福才能完全取決在自己手裡。

上班族都該領悟的道理

如果是為了別人的評價而努力的話，你就永遠無法獲得自由。

倒數16天

跟很多人在一起工作的時候，我總會不自覺地扮演好名片上的那個角色，一個成熟、有能力、再加上一點魅力的專業人士。無論遇到了再大的挑戰、困難、挫折，在當下都必須四平八穩地處理好一切，等到把人搞定、把事做完，一個人回到了家裡，再把那些委屈、心酸、無奈當作下酒菜，配著一杯又一杯的酒吞下肚。

酒精就像是醫院的麻醉劑一樣，濃度越純越讓人感到安心，口感越強讓你醉得越暢快，大口喝下，能把不開心的事情統統忘掉。

職場上充滿各式各樣的工作暴力，它們以不同的方式寄身在你的上司、客戶、同事及部屬的身上，日復一日、年復一年地以愛為藉口，不斷透過權力、控制、情緒勒索的形式出現，慢慢榨乾你的心力、逐步蠶食你的靈魂，直到你終於受不了離開的那一刻為止。

我擁有過幾段親密關係、換過不少份工作，幸運地在愛情上沒遇過恐怖情人，但倒霉地在工作上遇見不少恐怖對象。那些不開心的回憶讓我學會了欣賞身邊的每一個人，更珍惜如同白開水般簡簡單單的日子。能維持一輩子的幸福往往是平平淡淡的那種，無論是工作、或者是愛情。

我曾經跟過一個女老闆，她對待每位員工就像是家人一樣。每天交辦的除了工作上的事，還包含了私生活的事，無論是她的家庭、興趣、甚至孩子的學校作業。我常常在深夜接到她喝醉打來的電話，聽她講些心裡的苦悶、工作指示，我就像是巷口二十四小時服務的小七一樣。後來沒多久我就離開了那間公司，因為除了做雜事跟聽老闆說話之外，我真的幫不上太多忙。

也曾經遇過一個客戶，當初只是從喝杯咖啡開始，到後來他三不五時問我很多事情，除了工作，更延伸到了私人領域的事，他的需求隨著時間越來越變本加厲，公司被牽扯進去的同事也越來越多，直到有一天我做出了中止合約的決定，才讓一切回歸平靜。自此之後，我對於上門的需求不再照單全收，這不是高傲地在挑客人，而是為了保護團隊跟自己。

還有過一個同事，我們因為專案合作的關係常一起出門見客戶、吃飯、聊天，後來有段時間因為拆組，各忙各的沒繼續合作，原本不覺得有事，沒想到後來他竟向公司打小報告，捅了我一刀。原來他看不慣我每天忙進忙出的，除了有做不完的案子，還跟每位同事有說有笑。那是我第一次覺得做人好難，每天拚了命地做事，除了要滿足上司、客戶，還得要顧慮在旁一點都沒相干的閒人。

我跟過會罵人三字經、甩東西的老闆，也遇過親自下廚邀請部屬到家作客的上司。我伺候過永遠嫌你不夠認真、三更半夜追著你跑的客人，也服務過對你感激涕零、低頭緊緊握著手不放的客戶。職場上遇見的人形形色色、來來去去，緣分深點的並肩一起走段路，沒緣的就當萍水相逢，好聚好散。風雨過後雲淡風輕，我們輕輕放下，再無罣礙。

有讀者問我：「該如何在短時間內走出被資遣的傷痛？」

我回答他：「其實我也還沒走出來啊！」我只是暫時離開了一個有很多工作壓力的環境，幸運的是我沒有得到憂鬱症、也沒有想不開，因為眼前還有很多重要的事得做，除了房貸、年幼的孩子們，還有需要我疼惜的妻子、等著我孝順的年邁父母親。他們都支持著我，無論我下一個工作會是什麼，可以賺多少錢，或是名片上的頭銜會是什麼，我依舊會是那個認真活著的平凡男子。

撫平傷痛的方式之一就是忘了它。專注朝向遠方新的目標走去，如果你一直低頭看著傷口，只會覺得還隱隱作痛。

跟我一起忘掉那些心痛的過去吧，值得我們愛的人們，正在眼前的出口等候著呢。

上班族都該領悟的道理

沒有人能夠以愛之名，對你進行任何控制與壓迫。

倒數15天

有位在工地做工的讀者私訊，推薦我看台劇《做工的人》，他自己是邊哭邊笑、邊罵髒話看完這部戲的，也覺得剛從辦公室被趕出來的我應該會喜歡。

我曾經讀過原著，坦白說這齣戲跟我原本想像的不大一樣，一開始的幾集有點悶，不過演到後頭真的越來越好看，尤其最後一集的精彩結局簡直跟一〇一大樓的年度煙火秀沒什麼兩樣，在璀璨的萬丈光芒中華麗地畫下落寞的句點。

電視機裡的噗嚨共三人組在麵攤大口灌著阿比，電視機前的我翹著二郎腿在沙發上喝著紅酒，桌上都擺著一大盤滷味。我們的臉上帶著相同的哀愁，心裡懷抱著成功的夢想，拚了命地想要實現那個讓家人過好日子的願望……

我上一次被資遣是在一個餐飲連鎖集團，老闆爽哥只大我一兩歲，是個白手起家的真漢子。他在新莊的工業區裡租了棟透天厝當作總部，從進門就可以看到一整面的餐飲品牌牆，無論是中式、西式、日式、台式、混和式、或是完全的客製化品牌。每天都可以看見爽哥忙進忙出地招呼來參觀的嘉賓、投資者及ＶＩＰ，偶爾也會看見爽嫂帶著孩子來找他。那段時間我胖了不少，因為每天都在試吃新菜色，坦白說，那些為了迎合市場口味所推出的食物都不大健康，隨著爽哥越來越胖，他的身體漸漸出了問題，事業也開始產生了變化。

廚房出身的爽哥每天工作二十四小時，拚了命地建立起他的小小餐飲王國，正當好不容易可以成為一個真正的「咖」時，一場突如其來的資金風暴，讓辛苦建立的一切瞬間歸零。後來聽說爽哥名下的房子都被查封，人也不知跑路到哪兒去了。我幸運成了那間公司最後領到資遣費的人，在我之後離開的人除了一毛錢都沒拿到，就連最後幾個月的薪水都沒領到。

不知道爽哥過得好嗎？希望他能健康些，好好陪伴著爽嫂跟孩子長大。

以前創業時認識一位大哥叫做菸哥，他看起來有點神經質，手裡的菸沒熄過，腦袋裡的想法也從沒停過。他曾經搞了間貿易公司，日進斗金，替自己賺進了大把的鈔票。無奈後來被一群心腹幹部窩裡反，把經營權整碗奪走。不服輸的他把能變現的資產全數換成一袋袋的現金，藏在沒人知道的地下室裡，還跟老婆辦了離婚。檯面上他成了個一無所有的破產傢伙，但私底下依舊過著不愁吃穿的生活。

雖然菸哥活得好好的，不過我總覺得他的心空缺了一大塊，永遠被遺留在那個被背叛的時空裡。他依舊跟妻兒住在一起，每天當個沒法上班賺錢的男人，一天天替自己的人生倒數日子。

其實我一直很羨慕做工的人，跟坐辦公室的上班族比起來，擁有一技之長的他們，雖然有做才有日薪，但只要肯做，就不怕賺不到錢。

有個阿姨的兒子跟我差不多歲數，高中畢業後就出來學做水泥工，聽說現在房子已經買好幾間了。前陣子看見他，還是一樣穿著夜市買的條紋POLO衫、不合身的西裝褲、沾滿水泥的便鞋。他看起來比臭老的我更多了些滄桑的感覺，笑起來嘴裡滿滿檳榔渣跟泛黃的齒垢，掛在腰帶上的賓士鑰匙閃閃發光。

辦公室隔壁部門裡有個跟我同期報到的妹妹，她大學畢業，在半公家的單位待過一陣子，這幾年下來除了沒調過薪，也沒獲得晉升的機會。每到月底總是舉債吃泡麵度日，我常笑她有著莫名的樂觀跟過人的忍耐力，如果願意鼓起勇氣出去闖闖，肯定可以遇見賞識她的貴人，領到比現在好很多的薪水。

疫情讓她決定暫時在公司待下來，繼續過著苦行僧般刻苦的日子，領著那如同遮羞費般羞辱人的月薪。妹妹永遠都有說服自己不離開的理由，或許對她來說那裡才是舒適的天堂。

酒瓶空了，滷味吃光了，電視劇也終於看完了。我有點羨慕阿祈、阿欽兩兄弟可以放下一切離開。人生如戲、戲如人生。四十五歲的我，接下來的劇本究竟該何去何從呢？

倒數只剩下最後十五天，我得好好替自己打算下一步了。

上班族都該領悟的道理

無論做哪一行，我們都是做工的人。

倒數14天

上週剛認識的創業家Z突然問我：「嘿！你還有創業的企圖嗎？」

我愣了很久，不知道該怎麼回答這個犀利的問題。創業跟結婚一樣讓我學會了很多事情，不過就像連續劇裡負心男主角說出「我不是個值得愛的人」一樣，我真心覺得自己除了是個失敗的創業者，更是個不值得跟隨的老闆。

除了沒法保護好真心跟著自己的N、阿弟仔、小慧、鮮菇，就連自己最喜歡的一份工作都搞丟了，這樣一個軟弱的人，還有什麼資格高談闊論虛無飄渺的夢想？

雖然自己是個不折不扣的職場魯蛇，不過今天決定來說些我身邊的創業家故事，他們跟你我一樣都只是平凡的地球人，不像那些彷彿從外星球降臨的大企業家般遙不可及。創業除了是種技能，更是種態度，老闆跟上班族最大的不同，就是那份拚了命都要活下去的決心跟毅力。就算犧牲一切，都在所不惜。

我大學住校時認識了很多有趣的人，其中一位通達宿舍大小事的「舍長」更是其中的佼佼者。舍長畢業後進到一間超級老字號的家電集團上班，越爬越高，好不容易進入核心的管理經營團隊。沒想到隨著家族經營權之爭，他竟然被流彈波及，黯然離開了打算待到退休的職場。

他手上同時有四間貸款投資的房子，老婆一直是在家伺候他的賢內助，習慣了穩定生活的他，突然不知該怎麼繼續下去。舍長如同鬼魅般地到處借錢週轉，看盡了昔日好友的尷尬臉色、嘗盡了如同濃縮咖啡般濃烈的世間冷暖，就在所有的房子即將被法拍的最後一刻，上帝出手派了位天使伸出援手，買下了他名下一間房子。

大夢初醒的舍長如釋重負地把所有的房子全數售出，償還了銀行跟友人的欠款，帶著髮妻離開了生活一輩子的都市，隱身在鄉下租了塊地，做起了養狗的生意。聽說他整個人看起來都不一樣了，除了體型變得精實、眼神也變得堅毅，總是默默地看著遠方的山頭，牽著太太的手，享受狗兒圍繞在身邊的日子。他終於完成心願成為正港的舍長。

還有一位在大學時很照顧我的學姐，畢業後嫁給一位看起來很機車的老公。夫妻倆胼手胝足地打拚了一輩子，好不容易終於在去年創業，學姐正式升格成為總裁夫人。我超愛看學姐在臉書分享的晚餐美食照，她總會分享自己又煮了哪些美味的料理，如何討總裁的歡心，成功收服機車老公的心。

正當總裁夫婦準備從此過著幸福美滿的日子時，造化弄人，總裁突然生了場大病。總裁夫人的美食照開始換成了旅遊照，他們夫妻倆鶼鰈情深地騎著機車遊遍各地，決定留下此生最美好的回憶。

還有我那個怎麼都喝不掛的學妹「愛罵」，她每次喝完酒就會一直碎碎念，就像怪老頭魔音傳腦。

愛罵畢了業後在大公司上班，事業順心的她順勢嫁了個優秀的老公，還在人生中途勇敢轉了個彎，實現所有酒鬼的夢想開了個酒窖，搖身一變成了葡萄酒窖裡的人妻。我工作很悶的時候都會跑去她那窩著，想像自己的人生是醒酒後才能綻放驚人香氣的陳年波爾多，值得繼續耐心期待。

沒想到前陣子她突然生了病，暫時沒法喝最愛的佳釀了。幸好經過一段時間的休息，愛罵終於強勢回歸！除了美麗一如往昔，還開始了直播賣酒的新服務。

他們每一位都是不折不扣的創業家，除了擁有合法的公司服務登記，更獻身於自己熱愛的事，除此之外他們更是生命的鬥士，竭盡所能、認真努力地活著！

我邊吃著眼前的咖哩飯，邊回想發生在舍長、總裁夫人、還有愛罵身上的事。這間咖哩飯小店在我前公司附近，老闆小我幾歲，也是個待過上市公司、經歷過大風大浪後退役的創業者。聽說當時他一年經手的利益就高達上千萬，沒想到現在每天一個人關在不到一坪的小廚房裡，熬煮著始終如一的咖哩。

「脫掉了西裝跟領帶，現在的日子過得很實在，不用看別人臉色，不用費心鬥爭，賣多少賺多少，我很感恩。」

帥氣的老闆豪氣地拍拍我的肩膀，說這餐他招待，等我找到下一個工作時再來光顧就好。不知道是不是貪心地加了太多辣椒的關係，感覺越吃眼眶越溼，我吸了吸鼻涕、拿面紙擦了擦眼淚，跟他道過謝後，推開門抬頭挺胸走出狹小的店裡。

走往捷運的路上，我拿出手機打開LINE，回覆訊息給Z：

「我願意試試。」

上班族都該領悟的道理

風大雨大太陽大／誰卡大聲誰就贏／不管這條路有多歹行／攏不驚——任賢齊〈再出發〉

倒數13天

在倒數剩四十二天時，我找了一位不熟的專家朋友諮詢，冒昧請她給我一些求職的建議。這些日子來我們成了好朋友，美麗的她像天使一樣常常捎來問候，鼓勵我要正向積極地過日子。她要我找本小冊子，每天寫下三件肯定自己的事情，大小事都好。我雖然答應了她，可是一直沒做到，直到今天突然想起來，才開始面對這個課題。

我們在學校學會很多美德，像是要有禮貌、要懂得讚美、要日行一善等。對於從小就沒什麼自信的我來說，讚美自己是件害羞且不容易做到的事，也從來沒有人教過我該怎麼做才對。活了四十五年，我直到現在才決定要學會肯定自己。

今天沒有任何行程！送完孩子上學、恭送老婆出門後，我替自己手沖了杯咖啡。一個人開冷氣實在太浪費錢了，把門窗打開吹電風扇就好，我開始進入自己的小宇宙裡頭，自在地遨遊。

剛打開電視，就收到了小慧傳來的訊息：「今天下午要去提案，對方來了七個人欸！超猛，準備看我話唬爛！」

雖然文字上打得俏皮，不過我感受到了背後的緊張跟不安。小慧跟我是很好的搭檔，每回我們總是能在客戶面前一搭一唱、以相聲式的表現帶動整場氣氛，除了把客戶哄得一愣一愣，也能順利完成任務。一對一PK從沒在怕的她，唯獨怕人多的場子，尤其是得面對那些官大學問大、資深難搞的叔叔、伯伯、阿姨時，她總會請求我支援，指名點檯帶我出場。

我心裡明白她欠缺的只是名片上的頭銜、心裡的自信，還有不習慣一個人而已。所以只交代了「深呼吸、慢慢講」六字箴言後，告訴她盡力演出，一定會順利的！

我一直很會欣賞別人的優點、鼓勵別人，但總是看不到自己的優點，也不懂得好好鼓勵自己。

在電影清單逛了半天，還是沒勇氣按下《星際大戰》的付費按鈕，最後選定了一部名字有點熟悉的動畫電影《聲之形》。原本以為這是部熱血的青春動畫，沒想到內容卻是以校園霸凌為核心展開，一群青少年成長及療癒彼此的歷程。

故事裡的男主角是個憤世嫉俗的少年，女主角是位聽障人士，他們的身邊圍繞著一群同學們。在命運的安排下，他們無意中分別成了霸凌的「加害者」、「受害者」及「旁觀者」。心懷愧疚的男主角長大後原本打算以死謝罪，沒想到竟意外救了打算尋死的女主角，拯救了彼此的人生。

看著這部電影，也令我回想起過去的人生。從小我就是個胖子，那時候還沒有

「霸凌」這個名詞，不過自己真的是被欺負長大的，雖然沒有像電影裡演的這麼慘，也好不到哪兒去。

這陣子遇見的一些事也讓我開心不到哪兒去，我還是會常常想起那些公司裡「加害者」及「旁觀者」的嘴臉。不過我不想繼續當個「受害者」了，所以當念頭一浮現，我就會揮揮手把腦袋裡的髒東西趕走。

我一直是個良善的人，雖然過去老是被辜負得很慘，但從沒失去過對未來的信心。

電影看完了，我陷入了長長的惆悵裡。手機鈴聲響起，有位跟我認識很久的CEO突然打了電話給我，他劈頭就說：「你發生這麼大的事怎麼沒讓我知道！我最近公司發展得還不錯，有空過來聊聊吧！」

我們在電話裡聊了一會兒，其實CEO只不過大我一歲而已，他近幾年創業有成，賺了不少錢。他的員工請假是不用扣薪水的，三不五時還可以享受包場看電影的福利，我一直覺得當他的員工一定很幸福，只是從來都沒想過自己能有這樣的好運。我答應了去他公司聊聊他另一間新公司的計畫，我打算帶著朝聖般的心情，前去瞻仰那一輩子遙不可及的夢想。

我一直是個懂得感恩的人，雖然老是踩到大便，或不小心摔個狗吃屎，不過總會幸運遇見願意遞出毛巾讓我擦臉、給我乾淨的水喝、拍拍肩膀鼓勵我的貴人。對於這些曾經對我好的人，除了心懷感激之外，我更願意在將來回報他們。

好不容易終於寫完了三件肯定自己的事，感覺像是往自己臉上貼金般地不自在，還好我的鼻子沒有變長，心跳也沒有加快。這三件優點其實也是困擾我很久的問題，老闆說我不夠狼性，指的就是這些缺點，不過我還是想當隻毛茸茸的哈士奇就好，跟一群狗兒一塊痛快拉著雪橇，朝同個方向開心前進。

下午，小慧傳來了：「今天的提案很順利，我講得也很ＯＫ！」我也開心地回覆了她：「恭喜！要對自己有信心，你一天比一天更成熟，是個很有價值的人才，就像寶石一樣！不過得再拋光一下。哈哈！」

打完這些字，心裡頭酸酸的。我跟小慧說的其實也是想對自己說的。我們都別讓過去的不開心掩埋住自己，把心上堆積的灰塵用力抖落，這樣才能重新散發出自信的光芒，讓全世界看見我們的光芒。

上班族都該領悟的道理

只有你能創造自己，只有你能決定今後的人生。

倒數12天

你知道台語的「自找麻煩」要怎麼說嗎？我可以用很不標準的台語說出「夯枷」（giâ-kê），但一直到昨天才明白這個詞真正的意思。「枷」是古時候套在犯人脖子上的木製刑具，把又大又笨重的木頭套在身上，就像是無緣無故攬在身上的負擔一樣，除了沉重得讓人喘不過氣，更讓人胸悶得無法呼吸。

快要七十歲的母親知道我中年失業的事後憂心重重，又開始展開了求神問卜的參拜行程，她除了到新莊的地藏庵幫我「補運」和「祭解」，還去了城中市場的城隍廟裡幫我「夯枷」贖罪、消災解厄。

一想到她老人家虔誠地跪在神明面前磕頭的模樣，我除了內心感到愧疚，更覺得沒用的自己才是個不折不扣的「夯枷」。我真的想要洗心革面，求求老天爺給我一條生路，別再讓愛我的人們受苦了。

在倒數三十四天的時候，一位演員的猝逝讓我認識了茄子蛋這個樂團，那首〈浪子回頭〉不知不覺成了這些日子以來寫文章時的背景音樂。隨著那句「菸一支一支一支的點／酒一杯一杯一杯的乾」，我就開始一個字一個字地寫，寫出當天要刊登的日記、寫下當時心裡的感受。隨著文章越寫越多，茄子蛋的歌也越聽越多，我發現他們的歌除了好聽之外，MV拍得更是動人，就像是這些年來的漫威英雄電影，不知不覺竟然串成了一個完整的故事，形成一個充滿想像的宇宙。

今天早上起床後的腦漿跟沉睡中的火山岩漿沒什麼兩樣，呈現完全休眠的狀態。坐在電腦前面打不出半個字的我決定轉念，好好觀摩茄子蛋的作品，一連看了〈浪流連〉跟〈這款自作多情〉，看到一半忽然覺得腦漿瞬間滾動了起來，我意外發現MV的劇情並不單純，連同之前看過的〈浪子回頭〉，三首歌組合起來竟然兜成一個完整的故事！

巧妙的是這三部作品分別是在兩年前、一個月前、九個月前推出的，劇情是用倒敘的方式進行。每部MV都有一個主角、一個主題、一個故事，三部加起來就變成了一段跨越時空跟角色的歷史，那是戲裡一群主角共同交織而成的人生故事，每個人的命運都被一條看不見的紅色絲線緊緊繫著、環環相扣。

編劇充滿心機地安排了這場大戲，就像上帝巧妙地安排好我們的人生一樣，沒有演到最後，你永遠搞不懂最後的結局會是什麼。

最近收到越來越多讀者的留言，每字每句都帶給我持續寫下去的動力跟勇氣。從沒想過四十五歲平庸無能的自己，竟然能夠透過在網路上分享文章，引起這麼多人的共鳴。藉由這段梳理日子的過程，讓我有機會重新整理過去的人生，檢視那些早已遺忘的、不堪回首的、心存感激的一切。

凡走過必留下痕跡，哇按呢做真正毋是咧夯枷（我這樣做真的不是自找麻煩）。總有一天我們一定會明白，這些必經的血汗路，最終將通往何處。

上班族都該領悟的道理

只有耐心看到最後一幕，才有機會發現驚喜彩蛋。

倒數11天

如果婚姻是愛情的墳墓，那麼工作會不會是夢想的終點？

超過五年沒有聯絡我的咪一早傳來了訊息：「老大，你有空可以跟我聊聊嗎？」她是我當主管後帶的第一批部屬，那時我們在二十四小時的代工廠裡上班，常常一起下班後騎著車去工業區外的火鍋店，邊吃邊聊那天發生的鳥事跟八卦。那時我們還不到三十歲，還是真心相信愛情跟夢想的傻子。

咪的父親在她很小的時候就過世了，母親辛苦拉拔她跟哥哥長大，她從小的願望就是有個幸福的家庭，後來真的如願嫁給在工廠裡當維修工程師的傢伙，還辭了工作、專心在家當起全職主婦，接連生了三個寶貝。不知不覺十幾年過去了。

我跟那工程師不熟，只聽說過一些關於他的風花雪月，當咪嬌羞地說「老大，我跟他在一起了」時，我真的一點都開心不起來，基於男人的直覺，我有種看見癩蛤蟆咬住天鵝的感覺。但看著咪臉上春心蕩漾的神情，我決定不說出心裡的擔憂，真心地祝福她。

咪依照當年的默契，在電話裡有效率地向我彙報了這些年來的日子是怎麼過的，發生了哪些事，然後我立即在腦袋裡畫出一張如同股市K線般的走勢圖，清楚地以老師的口吻告訴她：「這張股票再抱下去鐵定血本無歸，該立即停損賣出！」她在電話裡深深嘆了一口氣，接受了我的建議。

信任是種很奇妙的關係，當你打從心裡相信一個人時，無論他有多壞、做了多爛的事，你都會幫他找藉口，繼續相信他的所作所為。而當有一天你不再相信了，就會一股腦兒推翻過往曾經發生的一切，無論是好的或是壞的，然後陷入深深的批判跟否定。直到有一天發現，你恨的其實不是對方，而是愚蠢的自己。

中午湯姆跟傑利請我吃飯，他們兩兄弟是我在前公司服務的第一個客戶，我永遠記得第一次去一〇一大樓拜訪他們時的感覺，那種彷彿看見國家未來希望般的感動，至今仍深深烙在我的腦海裡。

「隨著客戶成長」這句話不是唬爛的，這些年來我一路看著湯姆跟傑利的公司從共享辦公室裡的一個位子開始，到擁有自己的辦公室、氣派的上課教室，隨著他們的新進同仁越來越多，產品跟服務也越來越多元化。我們每隔一段時間都會碰面聊聊，每回我都會出張老嘴給他們未來的建議，他們也很給面子地願意參考，大大滿足了我提攜後進、創造宇宙繼起生命的成就感。

湯姆點了杯超大的珍珠奶茶，一邊用力吸著、一邊認真問我：「接下來我們該怎麼辦？」正跟一碗滾燙麵線搏鬥著的傑利也擦擦額頭上的汗點著頭說：「我們真的想要變得更好！」我低頭舀了一匙料滿出來的四神湯送入口中，用堅毅的眼神回答他們：「勇敢開發自己的系統！」

對於一個熱血的駕駛而言，當駛遍市面上所有的跑車後，依舊找不到滿足心中渴望的那部夢想之車時，最快的解決方式就是自己打造一輛。當然這還牽涉到口袋夠不夠深、目標夠不夠明確、還有夢想夠不夠偉大的層面。

我一直很喜歡江湖人稱 GT-R 教父的水野和敏先生，他可以把一部平凡無奇的家庭房車搞成像是賽道上的工廠賽車般熱血，是我真心膜拜的一位熱血大叔。無奈選錯了人生下半場的合作對象，讓台灣車超越歐洲車的偉大夢想只能無疾而終。天時、地利、人合，實現夢想真的不是件容易的事。我給湯姆跟傑利兩兄弟留下了最後的祝福，交代他們一定要兄弟同心、好好合作，繼續朝向夢想前進。

四十五歲的我領悟了：**愛情跟婚姻不同，夢想跟工作不該畫上等號。**

我們終其一生在追尋的這四個目標，其實根本是完全不同的課題。你想談場轟轟烈烈的戀愛？還是擁有一段令人稱羨的美滿婚姻？或許最幸運的人兩個都能擁有，而且是同一個對象，但大部分的人則只能挑一個，或是一個都沒有。重點是就算一個人孤獨到老，只要內心不孤單，活得自在逍遙，又何嘗不可呢？

我大半輩子都在追求一份滿足夢想的工作。曾經以為找到了，最終還是敗下陣來，因為那個夢想其實是老闆的，跟我一點關係都沒有。

高掛天上的夢想像朵雲一樣，而工作就是辛苦搭建起的樓梯，那讓我們可以離天空越來越近，在日復一日的勞動之中，我們除了生活有了依靠，夢想也有了寄託。但當風一吹、雲飄走時，我們得趕緊決定要繼續搭建樓梯，還是換個地方重新來過。

咪雖然決定要結束這段沒有未來的婚姻，但她曾經擁有過一段美好的愛情，她的三個寶貝是切切實實的證據。我雖然被迫結束了一段離夢想越來越遠的工作，也曾擁抱過一段美好的夢想時光，更有幸累積了一些寶貴的經驗和人脈。

拿掉名片上的職稱後，還剩下什麼？我可以很誠實地告訴你，只會剩下那些真心信任你、肯定你的價值、也相信你未來的人。這些人可能只占不到一%，甚至更低，就像臉書好友名單裡頭真正的朋友比例一樣，彌足珍貴。

雖然世界既殘酷又現實，但我會繼續相信愛情、肯定婚姻、熱愛工作、追逐夢想。這樣真誠的人生，才是至死無憾！

上班族都該領悟的道理

斯是陋室，惟吾德馨。

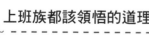

倒數10天

試著想像一個畫面：你走到一個很大的十字路口，紅燈亮起，停下了腳步。等了不知道多久後，綠燈重新亮起，身邊的人們重拾腳步，只剩下自己停留在原地躊躇不前。你並沒有喪失前進的能力，更沒有失去前進的勇氣，只是突然發現遠方原本要去的那棟大樓突然不見，就這麼憑、空、消、失、了。那個目瞪口呆、不知所措的愚蠢模樣，就是我現在的樣子。

越來越多人問我：「你的下一步是什麼？工作找到沒？」我只能摸摸自己越來越少的頭髮，沉默不語。

昨天中午研究所同學強哥來看我，他是研究所班上年紀最小的男生，這傢伙以前擔任過幾家公司的財務長，是令人稱羨的勝利組。不過隨著步入中年，這些年的工作運越來越差，一連換了好幾個工作，都沒法找回昔日的勇猛跟熱情。財會背景的他在去年看見老婆的報稅扣繳憑單後，毅然決然放下過去不值錢的面子，正式委身加入老婆的銷售團隊。現在他們夫妻倆一塊登台演出，一同見證公司產品的神奇功能，如同強人般賺進大把的新台幣！

強哥參觀完我的千萬貸款公寓後，驕傲地說他比我更強，一共借了兩千多萬。我拍拍他的肩膀稱讚他是個真「難」人，接著招待他到巷子口的麵店吃了午餐，這餐我們一共花了兩百九十元。我們開心聊了很多同學間的八卦，聽說最近大家都過得不是很好，有好幾個都面臨跟我一樣的狀況。

聽強哥說以前他在當財務長的時候，公司錄用新人有兩道禁忌的天條：年紀超過四十歲的、薪水超過六萬的。我們笑著看彼此，繼續低頭大口吃那碗又嗆又辣的麵。

下午Z帶我去了間隱藏在台北某條車水馬龍路上的命運咖啡廳，繼續聊工作的事，這個路口我經過了無數次，卻從來沒注意過有這麼一間神奇的店，感覺就像是《哈利波特》裡的九又四分之三月台一樣，一般的麻瓜是沒法看見的。

我點了傳說中的花草茶，問了我接下來的命運，咖啡館女主人好心地沒有打擊我，只交代我要：「信守承諾，不改其志。」一切都會越來越好的。她要我接受生命安排的低潮，讓自己變得更加柔軟。

眼前紅綠燈裡的小綠人開始跑步，倒數進入最後的十天了！

我真的不知道自己的下一步、故事的結局會是什麼，因為這是一個正在進行中的人生實境秀。或許在老天的安排裡劇本早就寫好了，不過此刻的我只能專心地繼續過著每一天，把握每個發生的機會。我嶄新的未來，就從此刻開始。

上班族都該領悟的道理

條條大路通羅馬，路靠自己走出來。

倒數9天

「九局下半，兩人出局滿壘，兩好三壞滿球數，比數相差三分。最後一棒四十五歲的打者面對巨大的壓力，是否能夠反敗為勝呢？」

今天是一年一度打球的日子，我們幾個同學組成了一支壘球隊，每年參加一次學校舉辦的球賽，以球會友、跨屆交流。雖然沒什麼期待的好心情，不過我還是答應了要參加，團隊就是這樣，不管你狀況好壞，少了一個可能就會湊不齊人數，讓其他隊友全都沒球可打。雖然每個人都想要成為第四棒的王牌打者，不過你得安排好一到九棒的所有打者，才能讓比賽順利進行。

唉，我的老毛病又犯了，不管幹任何事都會想到工作、提到團隊，充滿莫名的責任跟使命感……

出門前花了半個小時找我那套潔白的隊服跟裝備，隨著記性越來越差，找東西成了我日常最大的休閒娛樂之一。我常常翻著翻著，就不小心發現了一些遺忘許久的寶貝，那裡頭常常藏著一些不可告人的過去、難以啟齒的祕密，然後就默默一個人躲在小房間裡頭，陷入長長的回憶。

我打開鞋櫃，從一整排冷落許久的鞋子裡挑出打壘球專用的那雙壘球鞋。我常常一個人呆呆地站在那堆鞋子前傻笑半天，笑的是男人怎麼好意思說女人跟蜈蚣一樣？

明明家裡最多鞋的人是我自己，甚至很多鞋一整年都穿不到一次，像是壘球鞋、高爾夫球鞋、登山鞋、腳踏車卡鞋，還有那雙黑色漆皮閃閃發光、在正式場合才配亮相的皮鞋。

每回不小心打開鞋櫃，我都會被太太、孩子們用一種瞧見購物狂似的輕蔑表情問說：「這些鞋子怎麼都沒看你穿過？那雙每天穿的黑色運動鞋又髒又舊，幹麼不換雙櫃子裡的來穿？」一開始我還有耐心逐一說明每雙鞋的用途，解釋那些不適合拿來平日穿，後來連自己都講到累，也就不再試著解釋了。對，老子就是敗家！希望你們都別變成跟我一樣的傻子。

最後還是沒找到隊服，只找到繡著我號碼的帽子跟沉甸甸的真皮手套，這兩樣東西也是一年只用一次的貴重物品。我有一堆這種莫名其妙量身定做的個人化商品，同時為了將來有人能繼承，花了好久的時間才說服兒子取跟我一樣的英文名字。

快九十歲的老爸平常不愛說話，但有句話總掛在嘴邊：「賺錢不花對不起國家，有錢不用對不起父母。」這應該是在那個戒嚴的時代，國民政府拿來洗腦老兵們的口號吧，當年的經濟成長奇蹟，就是靠著大家拚命消費、互通有無，共同扶持起來的。這輩子我雖然一直賺的不多，但總是很認真地取之於社會、用之於家人。雖然我是個沒出息的兒子，但是個聽話的小孩，老爸這句家訓，我可是好好地遵循到了現在。

「投手投出了一記快速直球，背號四號的第四棒打者奮力一揮，只見球筆直往右外野的方向高高飛去！」

我甩開手中緊握的棒子，不疾不徐地開始跑向一壘的方向，場邊全部的人都興奮站了起來，激動地大聲喊叫。

跑過二壘時，想起倒數四十五天中寫過我拿到打擊王後被資遣的往事。從小我就很會打棒球，總是能莫名其妙地擊中球心，在關鍵時刻逆轉勝。跑過三壘時，隊友全部衝到本壘板旁等著我的歸來。過去發生過什麼都不重要了，我決定全心全意地享受此刻的榮耀、以及幻想……

原本要上場的我決定把自己的王牌棒次，讓給了今天突然出現、第一次來打壘球的博蒂哥，他是我很尊敬的一位長輩，除了事業有成，也常常提攜沒什麼資源的我這個後輩。好不容易逮到機會可以回報恩情，當然得好好把握。我心甘情願地將博蒂哥護送上打擊區，希望他能夠擊出跟高爾夫球一樣的好成績，讓我們抱回殊榮。剛剛那一幕，只是發生在我腦裡的幻想而已。

比賽結束了，博蒂哥留下了殘壘。我們雖然沒拿到冠軍，不過留下了美好的回憶。大夥兒跟博蒂哥約好明年再見，一哄而散，回歸各自的家庭。獎盃最後不知道是誰帶走的，不過這份情感跟寄託，將永遠留在我們每個人的心中。身為團隊的一分子，我深深感到光榮。

人生就算沒有反敗為勝，至少曾經全力一搏！

上班族都該領悟的道理

怕輸，就不會贏。

倒數8天

最近有一件很神奇的事，就是我已經能在五點前自動醒來，常常才一睜開眼精，身旁的鬧鐘就響了！

根據倫敦大學的研究指出，要養成一個習慣平均需要六十六天的時間。我脫離每天宿醉賴床的日子已經第五十二天了，看來改變不是太難的一件事，我已經決定這六十天日記寫完後，要繼續維持早起的好習慣，接著好好準備下一個挑戰：在台東舉辦的 Ironman 鐵人三項挑戰賽。

母親總念我花樣很多，老是找些五四三的事來做。「都一把年紀了，別老跟人家去湊熱鬧比啥鬼賽！」我實在很想跟十八歲時一樣忤逆她說：「媽，一堆跟你年紀差不多的阿伯都參加了，人家在比賽中還跑得比我快呢！」但已經四十五歲的自己，還是決定用成熟大人的姿態回答她說：「娘，我會注意安全，小心完賽的。」

其實一直到現在，我每次參加比賽前都還是會覺得緊張、害怕和焦慮。之前每天到公司上班時也是一樣，我老覺得那可能會是最後一天，然後突然間自己就真的失去了工作，再也沒法踏進那間熟悉的辦公室……

昨天兒子找玩具時在床下意外發現一個沉甸甸的盒子，拖出來一看，裡頭擺滿了我這些年用汗水換來的完賽獎牌。我坐在地上對著他跟女兒唬爛拿到這些獎牌驚險刺激的過程，小鬼識貨地從裡頭挑出了一個長得有點不一樣的獎牌，那上頭寫著大大的「殘念」。兒子興奮地說他看過這兩個字，吵著要我說那塊獎牌的故事給他聽。那是二〇一六年一月十日在國境之南的一場比賽，我人生中永遠忘不了的一天。

那日清晨五點半，我穿著厚重的防寒衣，跟一群參賽者一同站在波濤洶湧的岸邊，除了頭皮發麻，四肢更忍不住地顫抖不已。我超想逃走，可是鼓不起離開的勇氣。從來沒有海泳過的我，竟然不知死活地挑了這場在海邊舉辦的比賽，如今想來除了蠢更是傻。賽如人生、人生如賽，以前的我就是這樣不知死活、橫衝直撞地過日子，明明就沒做好準備，卻還是硬著頭皮上場，不知哪來莫名的自信跟樂觀，總覺得熱情可以改變一切。

比賽哨音響起，選手們開始撲向比人還高的海浪，魚貫躍入冰冷的海中，其中也包括心跳早已爆表的我。

在奮力掙扎了五十分鐘後，我總算被開著小艇的救援人員發現，將我打撈上船，護送回溫暖的岸邊。被取消參賽資格的我沮喪地坐在岸邊，眼睜睜地看著其他選手騎上單車帥氣出發的樣子，欣賞他們雀躍飛奔回終點的感動。我想哭，可是一滴眼淚都流不出來。

大會工作人員走到我身旁，默默遞給我一面寫著「殘念」、另一面寫著「精神」

的參加獎牌。就是兒子看到的這塊，這除了是我最珍惜的一塊獎牌，也是最後一場沒有完成的比賽！我唱作俱佳地對著兩個小鬼說完了這個自以為勵志的故事，姐弟倆沒什麼反應，低頭繼續玩著那塊獎牌。

「老爸！獎牌上殘念的大字旁有圈紅色的小字！『NEVER UNDERESTIMATE YOUR POWER TO CHANGE YOURSELF』，」英文不錯的女兒興奮地說，「可是為什麼你看起來還是跟以前一樣，肉肉胖胖的，一副很弱的模樣？」

我把獎牌翻到背面，指著精神旁邊那圈白色的小字「I AM A SLOWER WALKER，BUT I NEVER WALK BACK」，接著把兒子抱起來說：「老爸就長這個樣子，不過我的心越來越強了！就像你最愛的假面騎士一樣，越來越厲害了！」

整個下午，全台民眾都在瘋百年難得一見的天文奇景「日環食」，我也不免俗地戴上太陽眼鏡走到陽台看，結果才看了一眼，不爭氣的眼淚就嘩啦流個不停。如果每次失敗都可以像這樣大哭一場，那一定痛快極了！

我躲回家中改看網路上的即時轉播，突然覺得日環食的樣子跟我那塊殘念的獎牌有點像，它們同時發出讓人無法直視的光芒，在我的人生中留下無法抹滅、永難忘懷的深刻回憶，陪伴我繼續走向接下來的人生，完成那些未竟的挑戰。

在一次又一次的挫折當中，我學會了一些寶貴的東西，一些看不見的東西。更重要的是，我沒有停止往前進，雖然走得緩慢，仍固執地朝向我想前去的方向，繼續前進。

上班族都該領悟的道理

只要不停下腳步，就一定可以抵達終點。

倒數7天

昨天我幹了件很好笑的事，度過了奇幻的一天。

一早頂著快要融化人的大太陽出門，我騎上家裡那部老邁的摩托車去驗車，身上包裹得密不通風，並戴上那副使用超過十年的太陽眼鏡。自從當爸爸之後，我就很少買新玩意兒犒賞自己了，而且舊的東西用習慣後，你會發現其實一點都不輸給新的，無論是設計或是品質。

全球化改變了很多東西，德國車不再是德國製造的，用不壞的產品已經成了神話傳說。雖然我擁有同個品牌的新款太陽眼鏡，不過聽說後來出的鏡片品質很差、容易脫模，所以我還是繼續戴那副舊的。想當年這副眼鏡可是經典之作，一些有名的單車選手都戴過，就像當年的我，也曾經意氣風發，是公司備受矚目的明日之星。無情的時代洪流改變了一切，我開始明白為什麼老人家都愛古董傢俱、穿二手舊衣、聽老歌，不知不覺中，我也成了老派的一分子。

好不容易順利驗完車、辦完事，回到停車場，脫下了沉甸甸的全罩式安全帽後才發現，眼鏡上的鼻梁墊片不見了！我瞬間化身柯南，在經過的路徑展開地毯式搜尋，找了一整天，依舊一無所獲。好不容易決心接受事實，一身汗回到家中才發現，鼻梁墊片好端端地躺在書架上。原來它一早就沒被我裝上眼鏡，因為戴口罩擋住鼻梁的關係，我渾然不覺就這樣戴了一天。

心裡覺得又好氣又好笑，我決定放滿一整個浴缸的冷水，用力跳進裡頭冷卻自己疲憊的身體和驚嚇的靈魂。泡著泡著，想起了《牧羊少年奇幻之旅》，這是本影響我很深的書，它除了教會我很多道理，更陪伴我走過至今的人生。

「絕大多數人似乎都很清楚別人該怎麼過活，卻對自己的一無所知。」

——《牧羊少年奇幻之旅》

我一直是個很能為朋友出意見的人。當你碰多了坎坷、見多了傷心，自然也能夠磨練出像我一樣的經驗——晚上，我對著剛從嘉義坐高鐵上來，想找我商量換工作一事的阿德這麼說。

阿德是我五年前認識的一個年輕人，那時我的工作是到處幫人開店，圓那些創業者的夢想。那天我參加委託人的開幕活動時，第一次遇見了擔任樓管、高大威挺、相貌堂堂的阿德。之後我們成了臉書上的好友，三不五時會幫彼此的動態消息按讚。

阿德問了我很多問題，我如實地一一回答，希望幫助快要三十歲的他早點找到人生的方向，千萬別像四十五歲的我一樣這麼辛苦。

「坎坷的事哥來就行，你專心挑個喜歡的事好好努力！」我霸氣地告訴他先搞清楚自己想要發展的專業領域，挑選有興趣的產業，透過這兩個維度瞄準目標職缺，然後自信地出擊。

在捷運月台上送走了阿德，希望下次再見到他時，我自己也能找到新的方向，跟阿德一起，全力出擊。

牧羊少年為了尋找寶藏，展開了一場神奇的冒險，走過千山萬水之後才發現原來寶藏就藏在自己的腳下，最初出發的原點。我花了一整天拚命尋找遺失的鼻梁墊片，精疲力盡後才發現它一直躺在書架上，恰巧就在《牧羊少年奇幻之旅》那本書前方的位置。這是上天神奇的安排抑或是巧合？我選擇相信這是份善意的禮物。

阿德離開前說他覺得害怕，擔心自己沒辦法找到喜歡的工作。

我跟他分享了自己最喜歡的這個故事，告訴他千萬別怕，因為沒有一顆心會因為追求夢想而受傷，我們都走在實現天命的路上，一定都能找到屬於自己的寶藏。

上班族都該領悟的道理

最深最暗的黑夜，總在黎明來臨的前一刻。

倒數6天

你知道世界上最有名的一個叛徒是誰嗎？他叫做猶大，是耶穌身旁的十二使徒之一。就連耶穌都會被背叛了，更何況是平凡的我們呢。

身旁的阿志跟我並肩走在二二八紀念公園裡，阿志長得跟蠟筆小新的爸爸廣志很像，年紀跟我差不多，他也剛剛離開了上一份工作，不過我是因為業績不好離開的，他則是被最信任的部屬出賣逼走的。

阿志在網路上找工作時看見了我的日記，追了好一段時間後決定找我聊聊，他有些想不通的事情，需要找個人宣洩一下。我們好不容易找到一處樹蔭下的公園椅，阿志喝了一口咖啡，開始緩緩說出他被背叛的故事……

「部門裡突然誕生了兩對情侶，我心裡明白辦公室戀情是個麻煩事，不過公司並沒有明文規範禁止，當我知道後只覺得像同時踩到了兩坨狗屎一樣，一方面覺得倒霉、二方面更須小心翼翼處理。但兩坨屎的臭氣就像是烏雲罩頂般籠罩原本平安無事的部門，讓氣氛越來越奇怪。

「其中一對男未婚女未嫁，雙方都到了適婚的年紀，在工作上恰巧又是互補搭配的角色，所以就日久生情、順理成章地在一起了；另一對則是男已婚女快嫁，是一段根本就不該發生的關係，我曾經試著制止過，但火勢依舊一發不可收拾、越燒越烈。

「好不容易培養起來的團隊，如果因為這件事強行拆分，對當事人或公司都不是一件好事，加上大家都是成年人了，所以我決定以部門和諧為出發點，用保護部屬的方式，私下分別跟當事人溝通。清官難斷家務事，工作上的壓力都已經讓大夥兒喘不過氣了，我何德何能再去干涉那些個人私領域的事。

「萬萬沒想到就因為一時心軟，引發了後來的一連串事件。我用私人立場對他們說的那些真心話，都成了呈堂證供，我突然成了個縱容不倫的主管，連辯解的機會都沒有，就被迫離開了公司……」

阿志眼睛布滿血絲，用力握住已經喝完的咖啡杯，雙手不自禁地顫抖著。「我把他們每個人當作弟弟妹妹，真心付出，我究竟做錯了什麼？」

我輕輕取下阿志手中那個快要被捏爆的咖啡杯，拍拍他的肩膀，繼續跟他分享猶大背叛耶穌的故事：

耶穌經過了整夜的禱告，才從眾門徒中間挑選出十二個使徒，其中之一就是猶大。猶大是個十分驕傲自負的人，認為其他人的能力和見識都不如他，雖然已經成了門徒，卻沒有放下世俗的慾望，更對金錢有著強大的掌控欲和貪戀。猶大不斷放縱自己貪婪的性格，耶穌早就看出來猶大性格上的弱點，依舊給他改過的機會，但猶大卻變本加厲。

看準了猶大貪愛錢財的弱點，一直想要除掉耶穌的猶太教長老們用三十塊銀錢收買了他，在與耶穌和眾門徒一起吃飯的晚宴上，猶大親吻了耶穌，幫助長老們指認出耶穌並逮捕了他。在行刑的時候，猶大十分後悔，向眾人坦白自己是受長老收買指使，卻無濟於事，最終耶穌被釘死在十字架上。猶大在耶穌死後，也自愧地在樹上上吊自殺了。

我看著眼前的阿志：「耶穌明知猶大是賊，為何仍然選他做為門徒？猶大出賣了耶穌，難道他一點感情都沒有嗎？」

耶穌因為愛猶大，不惜自己受傷害，仍然揀選猶大當門徒。在背叛發生前，他曾用很委婉的方式，三次苦口婆心地暗示、明說、提醒，並且還很嚴肅地警告猶大。耶穌這麼做無非是要保留猶大的顏面，要喚醒他及時住手，以免成為千古罪人，可見耶穌對猶大的愛有多深。無奈猶大的心已經被撒旦入侵，他根本沒想到出賣耶穌的結局會是這樣，耶穌的死更是他始料未及的結果，這真的是個無奈又悲傷的故事。

故事說完，我拍拍阿志的肩膀：「你一定很愛你的部屬，才會這麼對待他們。你已經做了該做的，接下來就好好過自己的日子吧！」

我很高興阿志願意跟我分享他的故事，也希望他在聽完我講的故事後，能夠想通一些事情。阿志該想的是關於自己的部分，下一次又不小心踩到屎時，可不可以有更好的處理方式？自己的下一步該往哪去？以後要不要繼續毫無保留地愛護下屬？這些都是他該認真面對的課題。

我請他不要再浪費半點時間在辦公室裡那些人身上了。聽說猶大最終墜入了地獄的最下層，被三頭魔王撒旦咬在口中，接受永世無止境的懲罰。不過那已經跟耶穌沒關係了，不是嗎？

請繼續真誠地對待自己，未來一定可以找到值得愛的人，帶給彼此更多的幸福。

上班族都該領悟的道理

寬恕別人，原諒自己。

倒數5天

曾經有人對跑者做過一個調查，問大家跑步的時候都在想什麼？結果大部分的人什麼都沒想，就只是靜靜地跑著，尤其是長跑的時候，當你不知不覺通過了折返點，終於看見終點前的拱門，這時候才會突然冒出「總算快跑完了！」的念頭，然後鼓起最後的力氣，繼續跑完最後的路程。

五十五天前，我突然有個念頭：「想寫本有意義的書，一本能夠激勵自己、幫助人們走出困境的書。」因此決定把接下來六十天發生的事寫成日記，透過臉書粉絲專頁發布，完整並真實地分享出來。在經紀人好友的協助下，我建立了粉絲專頁，開始每天的寫作。

這段日子在老天爺的安排下發生了好多好多事，明明才不到兩個月的時光，卻感覺像是過了好久好久的日子。在身心感官全開的狀態下，我深刻地接收到「活在當下」所帶來的神奇禮物。只要願意用心感受，每個當下總是精彩萬分，每個瞬間即是永恆。

四十五歲的我渾渾噩噩過了一輩子，第一次這麼坦誠地面對自己，第一次這麼認真地面對眼前的困境。只剩下五天，就可以完成當初訂下的目標「寫滿六十天的職場生存日記」，接著我將真的離開前公司，展開全新的人生。

在倒數二十一天的日記裡我許下了心願：「**想要找到一個適合自己，能夠發揮能**

力，也可以幫助很多人的工作。」這段時間以來，我每天看著這段文字，不斷思考著自己的下一步該往哪去，也認真地評估每一個可能的機會。以前找工作時根本就沒有考慮到這些事，心裡在意的永遠只有公司的規模、職稱、還有薪水。年輕時仗著自己有本錢還可以東挑西選，無奈隨著年華老去，現在恐怕只剩下被嫌東嫌西的分兒了。

今天是端午節，是紀念戰國時期楚國大臣屈原的日子。當年秦軍攻破楚國京都，楚襄王被迫遷都，屈原不忍自己的國家被摧殘踐踏，卻因自己被放逐、無法貢獻己力而悲憤至極，在農曆五月五日抱石投汨羅江身亡。

曾經我也嚮往這種忠義兩全、傳頌千古的故事，無奈誕生在殘酷的現代社會，一生遍尋不著值得真心託付的君主，在顛沛流離之際也只能如同螻蟻般貪生，繼續尋找下一站幸福了。

上班族都該領悟的道理

平凡就是福。

倒數4天

我在倒數二十一天的日記裡提過，我會陪父親上教堂、也會跟母親去廟裡。在英文裡頭「Faith」這個字有三層由外而內的含義，分別是「信仰、信念、信心」。所謂信仰對我來說就是，堅持著自己的信念生存下去，並帶著家人對自己的信心努力到最後一刻，這就是我對「愛」的信仰。

昨天的端午節，依照母親的吩咐，我和太太一早就到了住家附近的土地公廟，帶著媽媽包的肉粽答謝神明的保佑。我們其實很少拜拜，除了每年的三大節日外，就只有遇到了困惑，或是有事情要祈求神明保佑時才會到廟裡。每次去拜拜許願時總會覺得慚愧，就像以前回家跟媽媽借錢週轉時一樣，老大不小的自己總是需要靠天跟靠父母幫忙，才能好好活到現在。

中午帶著孩子回到媽媽家拜地基主，按照習俗用午時水跟藥草沐浴淨身，立完雞蛋、吃了肉粽後，即刻和太太驅車趕往下一站，台北的文昌宮。

「要去文昌宮問什麼？你又沒有要考試！該不會又想搞張新的壁紙了吧？」

「去問新工作的事啦！心裡沒什麼把握，問問神明比較心安，我們一起去答謝比較有誠意。」

昨天台北路上的車出乎意料地少，廣播說大夥兒都跑去台灣各個角落渡假了。

四月底的時候，我曾經跟老闆說過：「最糟的狀況已經過了，接下來只會越來越好，甚至會有一波報復性的成長！」事實證明我的觀察是對的，可惜他已經不再給我工作的機會。

不知不覺中，我們抵達了目的地。廟裡擠滿了年輕學子跟家長，他們都是為了考試而來的，只有我是為了找工作來的，不自覺地又湧出了慚愧的念頭。順利跟文昌帝君及關聖帝君還了願，請示完新工作的指示後，我雙手合十感恩地離開了香火鼎盛的文昌宮。終於只剩下最後一個任務了：自己家裡的地基主。

在車上，夫妻的世界繼續上演著精彩的情節：

「啊接下來家裡要怎麼辦？每個月怎麼過活？」

「我會先去申請失業補助，然後認真找工作啦！」

「每個月可以領多少？你們三個人的健保很貴耶！」

「我沒認真算過，不過肯定會比原本少，所以要省一點過日子喔。」

一回到家，警衛通知我們領取剛寄到的一個大包裹。

「這啥？」我問。

「兒子那天吵著要吃烤肉，所以我買了一個電烤盤！」

「這個看起來很厲害，多少錢？」

「別問啦，你一定會生氣，血壓會飆很高，小心中風！」

終於拜完了地基主，我把媽媽的肉粽分了幾個給樓下的警衛吃，借了社區公用的金桶，放在大門前準備燒金。我們社區的巷子口剛好就是個教會，我遠遠看著教會門口大大的十字架，低頭專心折著手裡的刈金。社區裡走出一對老夫妻，阿姨開心跑過來跟我打招呼。

阿姨說：「我以為社區只有我在拜拜，原來還有你！」

「我們很少拜啦，今天過節啊。」

「社區裡大多是信教的，他們都走去對面那間教會，好方便。」

「對啊，那裡看起來生意就很好的樣子。」

我幫金紙點上了火，看著火勢冉冉升起，聽著不遠處教會傳出來的福音歌聲。在這個多元的社會裡，每個人都需要寄託，都渴望獲得支持自己的力量，無論是信心、信念、或者是信仰。

晚上，我跟太太決定待在家裡，享受不用花錢的 MOD 電影之夜，我們選了一部剛上架的電影《依然相信》，準備好好回味那快要忘記的甜蜜愛情。沒想到這部片子一點都不浪漫，還充滿了悲傷跟無助。

這是一部真人真事改編的電影，講述還在讀大學的男主角一見鍾情愛上了罹癌的女主角，不離不棄地娶了她、陪伴她走過人生最後一段日子的故事。男主角在失去摯愛後氣憤地把自己的吉他砸爛，結果竟在裡頭發現太太留給自己的日記，才決定接受一切，繼續好好地活下去。

電影裡最讓我動容的一幕是男主角跟他父親的一段對話：

「爸，我曾經虔誠地祈禱著，為了您失敗的事業、為了家中殘疾的弟弟、為了我失去的太太。但我不懂祈禱的目的是什麼？」

「孩子，很抱歉我無法回答你這個問題。不過我可以跟你分享的是，雖然一路以來發生了很多遺憾的事，不過我覺得自己的人生很圓滿，因為有你們的陪伴。」

儘管整個故事讓人感到傷心，男主角最終還是接受上天的安排，發揮自己的天賦成為一位有影響力的福音歌手。他希望能透過自己的故事鼓勵到世上需要幫助的人，就算只有一個人都行。

太太看完電影後跟我說：「欸，這個好像你在做的事喔，明明自己都這麼慘了，還堅持每天寫什麼鬼日記給別人看啦，真是傻瓜！」

對啊，不過相較之下我幸運多了，只是失去了一份不愛我的工作而已，身邊還有太太、孩子、重要的人們陪著我呢！

上班族都該領悟的道理

真正的信念，是不會輕言放棄的。

倒數3天

自從開始寫日記後，我每天都得回想昨天發生的事情，從很平凡的事物中找到屬於自己的觀點，為什麼我要寫這件事？有什麼特別的地方？有任何獨特的價值嗎？

這種感覺讓我想起了以前高中聯考考作文的時候，記得當年的題目是〈知福、惜福、造福〉。我坐在悶熱的考場裡，面對空白的稿紙寫不出半個字來，對於一個國中剛畢業沒吃過什麼苦、更沒餓過肚子的小孩來說，這真的是道很困難的題目。結果唬爛出來的文章拿了個超爛的分數，之後我再也不喜歡寫任何文章，一直到現在。

這些年歷經了職場的各種鳥事、人生的載浮載沉、人情冷暖之後，無論身心靈都早已布滿了大大小小的傷口。如果再給現在的自己一次機會，應該可以寫出比當年更好的文章吧。所以我重新坐到電腦前，一個字一個字打出心裡的想法，寫下每天發生的點點滴滴。

昨天跟太太度過了如膠似漆的一整天，從早到晚兩個人黏在一起，人家常說夫妻的關係就像是儲蓄跟提款一樣，平常柴米油鹽醬醋茶都是在提款，當小孩不在的時候就得要記得認真儲蓄一下。

除了洗床單、到樓頂晒棉被、打電話回媽媽家念小孩不能一直打電動、一起騎機車去吃午餐、搶在下雨前收棉被、整理家裡、洗澡、睡覺之外，我還陪太太一起看了連續劇《我的婆婆怎麼那麼可愛》。跟大部分的家庭一樣，婆媳問題一直是我家難解的問題之一。

大部分的四十歲男人都隸屬於三明治世代，永遠被夾在中間動彈不得，無論是在工作上、家庭上、經濟上、或是感情上。我們心裡永遠都有說不盡的苦衷，無奈地面對內外夾攻的壓力，扮演著裡外不是人的豬頭角色。有種苦，叫做改變不了現況的苦，這種苦每回都會讓你痛不欲生、欲振乏力，除非哪天有任何一邊、或是兩邊的負能量消失了，或者我自己的消失了，不過，這個由不得你選擇，只能靠老天爺的高抬貴手跟巧妙安排。

可憐我的老天爺讓我擺脫了工作上的壓力，暫時恢復自由之身。這讓我更沒有藉口逃避面對家庭的壓力，扮演好母親跟太太中間的潤滑劑角色。除了繼續感恩地忍耐下去，我也會用心地創造更好的未來。

上班族都該領悟的道理

知福，惜福，造福。

倒數2天

玩過攝影的都知道，一天中拍照最美的時刻是在黃昏，那柔和的光線讓你欣賞什麼都美。我年輕的時候最愛在洗完車後，買瓶罐裝咖啡，就著夕陽的餘暉，欣賞車天一色的美好瞬間。

隨著年紀越來越大、認識的人越來越多，我發現四十到五十歲這個階段是最迷人的年紀。一方面經歷的事情夠多了，社會上該有的歷練也有了，只要保養得當，就會像部經典迷人的老車一樣，充滿動人的魅力跟風采。雖然年輕時不小心幹過些壞事，但長大後也被無情的背叛懲罰，功過相抵之後，總會開始思考人生的意義，接下來的最後任務為何。但就像是美好的夕陽一樣，這個階段消逝的速度遠比想像的來得快，一不注意，溫暖的太陽悄悄地沒入了地平線，那無聲寂靜的漫漫黑夜接著隨之降臨。

自從養成早起寫作的習慣後，我意外發現了「晨曦」的美好。看著大地慢慢甦醒，緩緩迎接太陽升起時的第一抹陽光，屬於自己全新的一天即將展開。這種充滿期待的興奮感跟送走日落的惆悵感完全不同。我決定好好享受每天的日出，用全新的熱情迎接未來的每一日！

前幾天果董突然邀我去參加一場重機的發表會，同學們都知道我被前公司趕走的事了，大夥都很貼心，也沒多問什麼屁話，只是透過不同的方式表達對我的關心。

跟台上美麗的主持人相比，那些參加發表會的貴賓們更吸引我的注意，超過七成的來賓都是年紀比我還大的長者！我好奇地跟果董討論這個奇特的現象，原來在果董做生意的圈子裡，騎這個牌子的重機就象徵著「兄弟會」的概念，那把貴鬆鬆的鑰匙開啟的不只是重機的儀表板，更是通往富貴人生的大門。聽說那些老傢伙的車庫裡都擺了好幾台，一台是拿來騎的、其他是拿來收藏的。

意外瞧見了一位常在電視上出現的鑑價名人，他一直是我很佩服的長輩，他的眼光一流，總可以判斷出物品的真正價值。「這車值得珍藏，鐵定會增值！」從他口裡說出的話就是這麼令人信服，害我都忍不住想掏出信用卡來刷下訂金了！不過一想到從下個月開始自己就是無業遊民了，還是乖乖把信用卡收回那已經用了快十年的舊皮夾內……

我一邊欣賞眼前那部曼妙的重機，一邊思考為什麼他會鐵口直斷地評定這部車的價值。答案其實再明顯不過，這是具有經典元素的新產品，這幾年幾乎所有的品牌都這樣搞，說好聽點叫做「向偉大的經典致敬」，講難聽就是「把老設計拿出來重新騙錢」。最近常常在路上看到年輕人穿著我國中時喬登穿的那雙鞋，原本以為是繼承來的老鞋，沒想到那是復刻版，一雙竟也要五、六千塊。

誰說老東西不值錢的？我眼前的這些老傢伙身價加起來應該會嚇死人吧！

在倒數的最後三天，我想分享這六十天來自己最深刻的三個領悟。它們就跟陽光、空氣、水一樣缺一不可，對我的人生產生重大的影響。

第一個領悟叫做「希望」。

美麗的夕陽、經典的老重機、有錢的歐吉桑們，他們都很美好，但組合起來就是一幅滄桑的畫面。如果稍做調整，老頭們騎上全新發表的嶄新重機一同出遊，約好到雙溪的不厭亭看日出，接著熱血地馳騁在濱海公路上，享受風吹撫在臉上的感覺，那將會是多麼震撼人心、充滿希望的一幅景色啊。

我跨上了現場的展示車，感受著雙腿間水平對臥雙缸的大傢伙，閉上眼睛，想像載著太太去看日出的浪漫之旅。

「抱緊一點喔，我騎車很快很猛的！」

「小心點啦，都一把年紀了，別太勉強！」

「還記得我們第一次約會的地方嗎？」

「記得啊，就九份山上一個亭子，你整路還播放著《四季》，吵死人了！」

「今天我們來趟回憶之旅，一起去看日出。」

無論如何都要擁抱希望！四十五歲的我會繼續牽著太太的手，一起欣賞晨曦，共同迎接未來的每一天。

上班族都該領悟的道理

有一種美叫晨曦，有一種光叫希望。

倒數1天

今天要分享的第二個領悟是——「堅持」。

從小到大我總是很討厭聽大人說道理，尤其是年紀越大越不耐煩。不過後來我發現人生真正的大道理其實都很簡單，最弔詭的是，自己明明早就聽了無數次了，卻還是聽不進去。無論是長輩交代的、老師說的、書上寫的，統統都不願意相信，總是要等到親身體驗過了，才會點頭如搗蒜地流淚領受。

很多事我們明明早就知道了，只是不願意相信罷了……

十八歲剛進大學時，我在大一的迎新舞會上認識了隔壁醫專的一位女生，她身高一百七十公分、長得跟明星張鈞甯很像，從沒交過女朋友的我鼓起勇氣邀請她跳了人生第一支舞後，毫無招架地陷入了熱烈的初戀。我決心依照作家侯文詠的暢銷書《親愛的老婆》裡教的，跟附近的花店預訂了一整個月的「瑪格麗特」花束，每天派人送到女生宿舍，展開看似含蓄卻又熱烈的追求。

為了買花，我連續一個月每天都只吃一餐，心心念念的除了女孩之外，還有書裡的那句「淡淡的小白花，永恆的浪漫，勝過無數個短暫的激情」。就這樣每天茶不思飯不想的，我迎來了人生中最瘦的體重六十九公斤，在日益消瘦的自己身上，我第一次見證到「固執」的神奇魔力。

日子一天天經過，終於，我收到一封從醫專捎來的信，信是女孩的男朋友寫來的，他請我別再送花過去了……

後來又過了很久，我終於遇見一位願意跟我說真心話的女孩子，她親自退還我送她的瑪格麗特，好心地跟我說：「謝謝你送我的花，不過我比較喜歡玫瑰花耶，這種白色的小花路邊到處都是，不要再浪費錢了，傻瓜！」

那時，我才決定放下我的固執，不再自以為是地亂送女生莫名其妙的東西。不過我依然有所堅持，就是決心讓自己成為一個願意傾聽、也聽得懂她們說話的人。自此之後，我的戀愛之路才漸漸順利。我把那本《親愛的老婆》送給自己最後一次光顧的花店，祝福老闆生意興隆，財源廣進。

「堅持」跟「固執」這兩種態度看起來很類似，但本質上其實是不一樣的。堅持的人像水一樣能變換不同型態，但始終是水；固執的人卻像大石頭般又硬又重，停留原地不動。經驗告訴我，你得先學會固執，接著才能慢慢體會堅持。

我曾經是個很固執的人，在時間的磨練下，變成了一個堅持的人。

第二個故事，是關於這個倒數六十天的歷程。

五十九天前，老闆突然宣布只給我最後六十天的工作機會，於是我開始寫起日記。希望能透過寫作釐清心裡的思緒，也透過分享獲得一些啟發，每天我在清晨五點起床寫作，維持著平日十點、假日十二點準時刊登的更新習慣。

這是一段艱辛且漫長的日子，過程中我曾經無數次懷疑自己是否該繼續寫下去，質疑這麼做的動機跟出發點為何。我每天不斷地寫，心裡不斷思索，該如何面對接下來的日子——放手一搏？放棄？抑或是活出全新的人生？

倒數三十天，順利達到老闆給我的目標後，我曾經想要繼續放手一搏。

倒數二十八天，接到老闆請我離開的通知後，我決定放棄這份不愛自己的工作。

在倒數一天的今天，我已經決心要相信自己，勇敢活出全新的人生！

「堅持」的力量陪伴我走過這段辛苦的日子，後來的演變與發展跟一開始想像的截然不同。除了沒有成功創造逆轉勝，也還沒有找到一份更棒的工作。我跟大部分受到疫情影響而失去工作的人們一樣，只能獨自面對不確定的未來。

但如果沒有這六十天的壯遊，我應該會變成一個怨天怨地怨自己的喪志中年男人吧！還好我堅持到了現在，雖然覺得有點遺憾，不過自己真的盡力了，所以也沒什麼好後悔的。

「堅持」雖然不一定會得到最想要的結果，但一定可以獲得一些有價值的收穫，

而那，才會是人生真正得到的寶藏！

明天就是最後一天了，最後的領悟會是什麼呢？我們明天見。

上班族都該領悟的道理

人生就那麼長，一輩子要是能做好一件事情，這就叫做功夫。

倒數0天

終於來到倒數的最後一天了，最後一天我想分享最重要、也是最後一個領悟——「Enjoy」。

人生就像是一場長長的旅程，中間會發生很多事、遇見很多人，但無論如何，你都得好好「享受」這段獨一無二的旅程，「痛快」地度過屬於自己的每一天，才能夠「享有」自己完整的人生。

有時候我覺得英文比中文簡單多了，上面那整段話翻譯成英文就只有「Enjoy your Life.」三個字而已。

至於「Enjoy」的中文到底要怎麼翻譯才好呢？我想了一整天，最後決定用「歡喜甘願」來表達我此刻的心情。活了四十五年，第一次覺得自己的人生過得還挺精彩的，要不是發生了這麼多事，哪來那麼多可以唬爛的內容。我很高興六十天前做了這個決定，替自己留下了人生中最棒的一個紀錄。

祝福每個人，都能歡喜甘願度過自己的人生。

套句以前學英文時背的句子「Every end is a new beginning.」，每個結束都是新的開始。「倒數六十天職場生存日記」雖然劃下了不圓滿的句點，不過這也代表了全新的故事即將開始。接下來還有很長很長的人生，還有更多事要繼續跟大家分享。

明天即將完成登出，從工作了三年的「前」公司正式離開，成為一個中高齡失業者。在過去這三週中我不斷思索著一個問題：自己的下一步究竟該往哪兒去？就像敗選的政治人物一樣，我展開了一段請益之旅，除了找好朋友聊天，也透過閱讀尋找啟發。

在這段期間內，我連一封履歷都沒有送出。嚴格來說，根本連更新都還沒更新。**我在思考的，是這樣下去真的行得通嗎？找到下一份工作，就能獲得真正的幸福嗎？四十五歲的我，不想再把自己的未來，交給一個隨時會不愛我的公司身上了……**

我決定找份適合自己，能夠發揮能力，也可以幫助很多人的工作。同時間我也會繼續經營粉絲專頁，持續寫下更多的文章，希望這能夠成為我新的副業，開始替自己創造新的收入。在這個不確定的年代，終身僱用制已經成為過去，希望不久後的將來，我們都能不再懼怕彷彿鐵達尼號緩緩下沉的恐懼，讓自己成為一個真正自由的工作者，一個將未來掌握在手中的人才。

上班族都該領悟的道理

每個結束，都是新的開始。

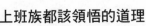

第二章

如果沒有頭銜，我會是誰？

在面對跟接受之後，
究竟該如何處理？
要如何放下？
生命，有時得靠轉身，
才能找到出路。

01 百廢待舉的廢墟生活

失業跟失戀其實沒什麼兩樣，經驗豐富的我很快就習慣了。不習慣的是突然失去了方向這件事，原本設定好的目標突然消失了，感覺接下來往哪去都行，但究竟該往哪去呢？

在不用上班的日子裡，我重新回到了原點，思考這個自小到大從沒找到過答案的問題。

前陣子我在陽台設置了一個小池塘，最近它的狀況變得很不好，除了金銀蓮花不再開花，水芙蓉也停止了生長，最慘的是原本清澈的水裡開始出現了一絲絲的綠藻，看起來奄奄一息、毫無生氣。

試著換水、減少水芙蓉的數量、想辦法把藻類撈掉，狀況稍微恢復了一些，但過沒多久，綠藻又開始長出來，水又開始變得混濁。曾經想過把整個石臼刷洗乾淨，澈底去除那些惱人的綠藻，但一想到裡頭還有好幾十隻大肚魚，我就不敢這麼做，就這樣糾結了好一陣子。

每天我都蹲在小池塘前，不知所措地看著裡頭的小魚跟植物們，祈禱狀況會改善，幻想著一覺醒來後，一切就突然變好了！

我什麼都沒做，除了不知道如何著手整理，更不知道該從何處開始。小池塘跟此刻的我沒什麼兩樣，就像個百廢待舉、即將頹倒的廢墟。

前兩天，一位讀者推薦我去在木柵的 Ruins Coffee Roasters，這應該是我這幾年去過最酷的一間咖啡店了！店如其名，那裡原本是個沒人會去的廢墟，聽說荒廢了很久，沒想到後來竟然有人接手整理，把它變成一間咖啡店。除了空間風格獨特，音樂品味和咖啡食物也都很厲害，我一個人開心嗑光了整盤蛋糕。

一邊喝著咖啡，一邊看著屋內那些裸露的鋼筋，莫名開始擔心要是客人一多，二樓的樓板會不會垮下來？

此時，我突然想起了自家陽台快要變成廢墟的小池塘，那一絲絲的綠藻像極了裸露的鋼筋，那一條條住在裡頭的大肚魚，跟現在坐在店裡頭的自己極為相似。

而就在那一瞬間，我決定，要好好拯救自己的小池塘！

回到家，我花了一個小時，好好清理了陽台上的小池塘。在清理的過程中還意外發現大肚魚生小魚了！

看著煥然一新的小池塘，還有一群在裡頭開心游著的小生命們，突然發覺自己過去的擔心跟無謂的等待，根本都是多餘的。

「改變」這個詞是由兩個字組成的，要先有「改」，才會有「變」。如果什麼都不做，只是一味地幻想下去，那麼你終究會創造出一個屬於自己的廢墟。但如果你願意，就從此刻開始做些不同的事，那麼就算是廢墟，一定也能重新獲得生機，創造出另一個新的奇蹟！

家裡的小池塘是用前屋主遺留下的舊石臼打造的，我索性做了一小塊牌子放在一旁，上頭寫著「Ruins Pools」。好時刻提醒自己，要好好地照顧它，跟它一起活出最棒的模樣。

02 克服恐懼的最好方法

週末的一早，我跟老同學們約好到基隆的外木山運動，我從來沒有在這裡游過泳，一個人心裡總會覺得毛毛的，不過只要有伴，一切好談。年紀越大越覺得身邊有人陪是很重要的事，無論是在工作上、生活上、或是感情上。一個人走得快、一群人走得遠，克服心中的恐懼，撲通一聲，我跳進了鹹死人的海水裡。

在水裡才想起自己超過一年沒有到海邊了，上一回帶家人去海邊玩水是好久好久以前的事。工作總是在不知不覺中浪費了我們太多的時間，回想起就連放假都得掛記業績、準備報告的那些日子，真的不知道自己到底是在認真什麼？今天的海水暖暖的、太陽不大、沒什麼海浪，一切都很美好，除了我還沒找到新工作之外……

生命中有些事情是一旦學會後，就不會輕易忘記的。就像是騎單車跟游泳，但如果你希望表現得更好，就得不斷地練習，從零到一很不容易，從一到一百得靠不斷的累積。運動教會我很多人生寶貴的道理，也讓我培養出了體力跟意志力，每回遇到人生卡關或是鑽牛角尖的時刻，我都會讓自己逃離城市、投入大自然的懷抱裡，然後那些煩惱都會隨著那一波波的海浪沖刷，瞬間煙消雲散。相信我，親近大自然比逛街跟購物有效太多了！

下水前擁有救生員執照的同學提醒大家這水域常有水母出沒，我很久以前被水母咬過一次，那感覺跟抽筋很像，不是很愉快的經驗。不過既然都來到這兒了，總不能因為怕水母就不下水吧。膽小懦弱的我決定硬著頭皮裝堅強！水裡色彩繽紛的魚兒很快地就轉移了我的恐懼，在慢慢地熟悉了海水的感覺後，我跟著大夥兒緩緩往外游了出去。

身體漸漸地熱了起來，我開始覺得自己變成了一隻魚，在水裡隨著海的波動舒服地擺盪著，這種感覺是在人工的游泳池裡游一輩子都無法體會的。游著游著我在心裡哼起了歌，欣賞著眼前一隻又一隻美麗的熱帶魚，直到右手突然傳來了一陣酥麻的感覺為止，那像是微小電流通過的感覺，就在很短的一瞬間發生了！

身旁不遠處的同學們也陸續發出了幹譙聲，原來大夥兒都中招了，我們都被水母咬了。

雖然沒有很痛，不過從小就怕電的我是個不折不扣的膽小鬼，除了小心翼翼地看著眼前，也開始往休息的跳水平台划去。

上岸後我們嘴砲起了剛剛跟水母的戰爭，沒想到我是傷勢最輕的一個。有人除了兩隻手，臉上跟耳朵都被咬了，還有人整隻手臂紅腫了起來。正當大夥輪流展示光榮印記的時候，旁邊兩個剛上岸的阿姨淡淡地說「今天水母比較多，整路被電得吱吱叫的」，然後若無其事地脫下泳帽，帥氣地邊甩頭髮邊走向一旁的沖水處。

大夥兒沉默了好一會兒。直到我突然大喊：「啊，原來水母衣的意思是穿了就不會被水母咬！」我一直以為水母衣是穿了就能像水母一樣漂在水上的衣服，每個人輪流向我瞥來一記白眼，然後有默契地朝沖水的地方一起走去。

下回帶家人來時，討厭的水母一定還會在水裡等著我，不過我會先穿上水母衣再出海。因為只有游出去才看得到更多漂亮的魚兒，才能體會到真正的大海波浪，也才能面對真實的恐懼。

對我來說，克服恐懼的最好方法，就是跟自己內心的害怕好好相處。

我還是沒法克服對很多事的恐懼，像是在海裡面游泳、在工作上失敗、還有在中年失業，但我會繼續認真面對這些事，不逃避，直到悠然自得的那一刻為止！

03 即使過程不同，也能抵達目的地

你騎過單車爬山嗎？不蓋你，用騎的真的比用走的累多了。不過那整個過程會讓你很有成就感，保證一騎就愛上。許多單車愛好者都夢想自己能夠獲得「登山王」的殊榮，穿上紅點點車衣、在群峰之間恣意奔馳！

經過了一整天的準備，我和一群老同學好不容易在清晨騎上了各自的自行車，開始進行這次的挑戰——「騎上大雪山」。我們將從海拔一千公尺左右的大棟派出所騎上海拔兩千公尺高的大雪山收費站，大家都特地跟公司請了假來參加這次的活動，只有我一個人是跟太太請了假。「好好享受這段旅程！」離家前她牽著我的手，囑咐一定要平安完騎。

騎單車跟跑步的感覺不大一樣，跑步時可以整個人放空什麼都不想，但騎車時必須得注意路況還有周遭的環境，尤其速度越快時越需要專注，是種需要全神貫注的運動。但騎山路時由於速度較慢加上喘得半死，所以可以專注在自己的呼吸跟踩踏頻率上，就這樣靠著自己的雙腳，一步一步地踩上一個山頭，是身為一個單車騎士最大的成就以及驕傲。

揮汗如雨的一路上，我遇見了許多遊客，有坐車的、開車的、騎車的、還有走路上山的。

我邊踩邊思考著：上山真的有好多種不同的方式，每種方式的感受都截然不同，四十五歲的自己，目前追求的究竟是什麼呢？

身旁突然呼嘯而過一部敞篷跑車，那低沉的排氣管聲在寂靜的山裡引發了一陣騷動。年輕時我也曾幻想買部這樣的騷包車載妹，有夢依舊最美，希望永遠擺在心裡頭相隨。

週末的山路還挺熱鬧的，陸續看到了不少稀奇古怪的車，有非常名貴的、有老舊到快要解體的、也有在雜誌上才看過的大型露營車，不約而同的是，無論你開的是什麼車，都得在山上的某個路邊乖乖停好車後，才能下車體驗那清新的空氣跟美景。在被超越不久後，我總會在某個轉角、某處樹下，重新遇見曾經超越我的那些車子們。

我忽然間領悟了一個道理：**無論用的是什麼方式，雖然過程不同，但終究會抵達相同的目的。**

在抵達終點前，我看見了剛剛那部敞篷跑車也停在路邊，原來開車的是一對頭髮都白了的老年夫妻，他們在車旁架了套簡易的桌椅、泡起了咖啡。是誰說夢想永遠不會有實現的一天？我激動地跟帥氣的老先生打了招呼，鼓起身上剩餘的一絲力氣，奮力朝向終點抽車前進。

大夥兒陸續平安抵達終點，全員完騎！開心地留影紀念這一期一會的旅程。我們這群人已經四十好幾了，但都靠著自己的雙腳騎了上來，除了是名符其實的「勇腳團」，更是我一路相隨的好同學、好夥伴。

山上的空氣真的很好，一陣陣涼爽的風吹來，好像打開家裡冰箱時的感覺。回到家後的幾天，我常傻傻地閉上雙眼偷偷打開冰箱把頭埋進去，回味那天感受的一切。直到冰箱發出逼逼的警告聲，才提醒我要回到現實的世界，繼續面對自己尚待努力的人生……

雖然新工作的事還是沒半撇，不過我已經開始試著擔任顧問，提供一些朋友需要的諮詢與協助。感覺挺開心的，因為自己至少還具備幫助人的能力，還有些被利用的價值。

雖然過程跟我想的不同，不過只要不停下腳步，最後一定能夠抵達相同的目的地，Fighting！

04 我們早已擁有最好的一切

清晨送太太去捷運站坐車，她要去中部上五天的課，看著她拖著行李離開的模樣，我突然有種捨不得的感覺。

當年跟她交往的時候，我在人人欽羨的大公司裡上班，出差是家常便飯，每回送我的都是她。沒想到過了大半輩子後，出差的人不知不覺中變成了她，人生有很多事情總會出乎你的意料之外，而那些事情，通常會讓你變成一個更懂得珍惜的人，珍惜那些身邊一直陪伴你的人、珍惜那些自以為理所當然的一切。

就像每回感冒時，你會驚覺能呼吸是多幸福的一件事。每回受傷走不了路時，你會發現能跑步是件天大的恩賜。而當另一半不在時，你會發現自己好像少了半個世界，突然間不知道怎麼過接下來的日子。

原來，我們早已擁有最好的一切，只是渾然不覺罷了。

上週出遊時我把放在防潮箱裡的單眼相機拿了出來，這部相機是女兒出生時買的，當時為了記錄下女兒的成長過程，很認真地拍了一段時間，後來有了智慧型手機之後就漸漸用不上它了。上一回拍照已經是一年多前參加她國小畢業典禮的事，看著記憶卡裡那些還沒有轉存到電腦的照片，我驚訝地發現女兒這一年來長大了不少，已經是個大小姐了！

沒想到的是到了出遊的第一個景點，相機就壞了。

我緊張地聯絡了認識的攝影師朋友，說明了故障的現象並詢問處理方式。專業的果真是專業的，他一聽就猜到我一定是相機擺太久沒用，所以快門的機構卡住了。「機械的東西就是要常常動一下，三不五時拿出來玩一玩，就可以避免這樣的狀況，別擔心，只要換掉一些老舊的零件就行了！」

原來，除了我們會老，我們擁有的一切也會跟著一起變老。

從捷運站回家的路上，我突然覺得有點恐懼，拚了命地想著自己還有哪些很久沒有拿出來動一動、玩一玩的寶貝玩意兒。我想到了家裡好久沒開機的真空管音響、那些從來沒有完整聽過一遍的CD、那堆只看封面就覺得可以改變人生的書籍，還有那支之前公司實習生曼蒂送我的自來水毛筆。

曼蒂離開公司時畫了張卡片送給我，我問她是用什麼筆才能畫出這麼美麗的線條？沒想到她特地去買了一支筆送我。收到這份讓人感動的禮物後，我一直把它擺在公司的小抽屜裡，捨不得拿出來用，直到前陣子離開公司整理東西時，看見了還沒拆封的筆，才想起了這件事。

原來，我們都習慣把最美好的藏起來，然後忘了感動一直都在。

回到家後，我迫不及待找出了曼蒂送我的筆，小心翼翼打開包裝。我很怕裡頭的墨水乾了，幸好沒有。

把音響上的灰塵清乾淨、開機，挑了片沒聽過的CD，找了張撕下的日曆紙。好久好久沒動筆了，我邊想著太太邊畫下了她剛剛離開我的模樣。她的背影看起來有點寂寞，應該也是不習慣即將離開我的原因吧。不過還好，過幾天後我們就會重逢了！

原來，幸福從沒離開，只是出門旅行去了。

05 找到自己的新定位

到了寫日記滿三個月的日子，雖然外貌看起來沒什麼不同，但這個月，我即將邁入四十六歲，也已經不是原本的那個自己了。過去這段期間，我做了很多的改變跟嘗試，彷彿像是人生中場的一場探險，讓我重新認識了自己，也發現了更多的可能性。

想像一下，當你每天上下班都固定走的一條路突然消失了！你會怎麼辦？廢話，當然是趕緊找另一條路啊，不然遲到了會被扣薪水！

然後你開始拚了命地東繞西繞，朝著熟悉的方向前進，希望能夠靠近那個讓你安心的地方。沒想到，抬頭一看，竟然離目標越來越遠，時間越剩越少，渾身開始冒出冷汗……

終於你決定放棄，找到一處樹蔭喘息一會兒。心跳慢慢趨緩、汗也停了，抬頭一看，你正坐在一株美麗盛開的雞蛋花下，站起來一瞧，背後正是座生意盎然的花園。不知怎麼地，心裡突然冒出了念頭告訴你：走進去瞧瞧吧！

現在的我，彷彿就站在花園的入口，期待眼前新奇的一切。

終於，我鼓起勇氣跟剛認識的朋友們這樣介紹自己：

「大家好！我是個剛失業的中年大叔。受到疫情的影響，我被迫離開了一份自己喜歡的工作，我把這段期間發生的事寫成了日記，分享在自己的粉絲專頁，希望能鼓勵自己跟周遭面臨相同狀況的人們勇敢地過下去。目前我正在尋找自己的下一步，試著改變過去只投入在單一正職的工作思維，希望能同時投入多樣喜歡的工作項目。雖然目前還沒有任何成果，不過我會持續努力下去。」

說完後，我的心裡彷彿釋放了些什麼，突然變得輕鬆多了！

失業以後，這是我第一次在很多人面前自在地說話，用一個沒有名片的身分，扮演真正的自己。

我跟新朋友開心地認識彼此，分享各自的故事，度過了愉快的夜晚。

揮別了錯的，才能跟對的相逢。在回家的路上，我對著車窗上倒影裡的自己揮手道別，謝謝他陪伴了我這麼久。

06 我真正的價值究竟是什麼？

小的時候，有一天母親拿出了兩小塊金條對我說：「以後等你長大，一條給你娶老婆，一條給你做事業。」

後來，真的如同媽媽計畫好的，一條在我結婚的時候換成了太太的金飾，另一條成了創業時支持我的基金。母親雖然只有國小畢業，不過比勉強讀到研究所畢業的我有智慧又靠譜多了。

以前談戀愛的時候，我買過不同材質的飾品送給女友。有純金的、K金的、銀的、還有寶石做的，後來我發現最保值的其實只有兩種：未經加工的純金、還有那種很大顆的寶石。

不信的話，可以把自己的飾品拿去給回收業者或是銀樓估估看殘值，保證你會氣到吐血！

某天開車經過了土城工業區，我突然想起了二十幾年前退伍後的第一份工作就在這兒，當時我上班的工廠就在鴻海總部的附近。現在的鴻海已經變成一個大集團，也在附近買下了一塊更大的地成立新總部，而我待的那間工廠好像已經換招牌了。

當年其實我也有投履歷給鴻海，只是隔壁的工廠先錄取了我而已。命運的安排總會讓你發出會心一笑，只是要等到很久很久後你才會突然想通。

活了大半輩子之後，必須要面對一個殘酷的事情：自己真正的價值究竟是什麼？那絕不會是你曾經待過的公司、做過的工作、幹過的事、或是得過的殊榮，而是**此刻蘊藏在你內心深處的態度、能力，以及目前的身心健康狀況**。就像一部上了年紀的老車一樣，就算再稀有、再經典，想要在市場上賣出好價格，除了得遇見識貨的伯樂之外，更必須要有好的車況才行。

我的父母從來沒有教過我什麼大道理，但他們用心教會我的那些事情，都是我這輩子最大的財富。他們一輩子只在自己經營的小吃店裡認真工作著，實實在在地把我養大，腳踏實地過著每一天。

光鮮亮麗的工作人人都想要，穿著西裝的乞丐我們都曾扮演過。有朝一日當你願意讓自己蛻變成為越放越值錢的質樸金條時，一定就能積累出人生真正的價值！

07 把夢想變成目標

我的教授有句名言：「年輕人把夢想當作目標，老年人把目標變成夢想，所以我們要一直維持年輕，這樣才能不斷地實現目標，完成夢想！」上了他的課之後，我就常常提醒自己別老把夢想掛在嘴邊，要把夢想變成真正的目標，才有實現的可能。

前幾天我租了人生第一部七人座的大車，實現了「載全家人舒服出遊」的目標。自從父親不良於行，孩子們越來越大後，我就很少帶著全家人一起離開台北市，這次我們開車到了苗栗，造訪母親的故鄉，找到我小時候每年過年都會回去的外婆老家。接著到了公館、大湖、卓蘭、三義，我們一直玩到最後一刻，才意猶未盡地把車開去歸還，就像是趕在午夜十二點回到家的灰姑娘一樣，一起度過了開心的一天。

實現夢想有很多種方式，除了零跟一之外，還是可以找出其他的選項當成目標，然後腳踏實地實現它。我很開心自己做了租車的決定，如果要等到我存夠了錢、買部新車才帶全家一起出門，那不知道會是多久以後的事了。

看著父母親臉上的笑容、孩子們睡癱在座椅上的模樣，還有自己跟父親的合照，突然感覺到有點驕傲，我是堂堂正正的一家之主，是家中不可或缺的一分子，這就是我生命中最大的價值及成就。

經典日劇《長假》中有一段台詞：「人總有不順利或疲倦的時候，在那種時候，就把它當成是老天賜給我們的長假。不必勉強衝刺，不必努力加油。假期過後，人生轉變的契機就會來臨。」

孩子們的暑假快結束了，可屬於我的長假感覺才剛開始不久。雖然目前眼前還是一片荒蕪，不過在過去的兩個月期間，我真真確確親手埋下了一顆顆改變的種子，現階段唯一能做的除了持續澆水灌溉外，就是繼續耐心等待了。

只要把夢想當作目標，一定會有實現的一天！

08 遺忘已久的熱情

你有多久，沒有變強的感覺了？

在成長的過程中，感覺自己每天都在變強，隨著越長越高、越來越強壯，可以做的事也越來越多。我們從跟自己比賽進化成跟別人競賽，就像是在籃球場上的一場場鬥牛一樣，不知不覺中越打越久、越跳越高、越投越準，直到抵達了再也提升不了的巔峰狀態。

我最後一次在籃球場上跟人鬥牛是二十多年前的事了，挺懷念當時跳起來可以輕鬆碰到籃板的輕盈感覺。每回看到跟我年紀差不多，還在籃球場上拼搏演出的大叔們，我都打從心裡頭佩服這些早已渾身是傷的兄弟們，不知道支撐他們的內在動機究竟是什麼？但我相信，一定是某種無法解釋、也說不清楚的感覺。

而那種無法形容的感覺，應該就叫做「熱情」吧！

當我們好不容易長大，進入社會工作，從一個小菜鳥幹起時，依舊會有每天變強的感覺。從一開始的懵懵懂懂，慢慢被訓練成精明幹練的模樣，我們擁有的越來越多，但心裡的熱情卻逐漸地消失，直到有一天，再也提不起勁上班為止。

我曾經在一間老字號的公司上班，公司裡的同事年資呈現弔詭的M型分布，除了跟著老闆超過十年的一票資深同仁，剩下的都是些年資不滿一年的菜鳥員工。我在那兒待了好一陣子，親眼見證了菜鳥們不斷夭折升天、老鳥們積極等待被資遣的職場奇景。

當時的老闆曾經憤怒地對我說：「我死都不會付給那些老傢伙一毛資遣費！」所有的老員工每天都在等著被老闆開除，鎮日死氣沉沉地坐在那靜悄悄的辦公室隔間位子裡，等待下班的鈴聲響起。公司的菜鳥們來來去去，我印象最深的是一位負責送貨的弟弟，他每天就只是默默搬貨，直到有天突然跟我聊起了他的興趣「跑步」，瞬間變成了另一個我不認識的運動員，臉上閃爍著燦爛奪目的光芒！

原來，送貨弟弟有個目標，要成為厲害的馬拉松業餘選手。他把所有在生活跟工作上遇到的不如意都化為動力，利用下班跟假日的時間積極參加跑步的訓練團體，他的目標很明確：跑進三小時內。

當時他的全馬成績大約是四個小時左右，對於全馬只能勉強跑進五個半小時的我而言，那根本是不可思議的境界，我們自此成了兄弟，除了偶爾八卦一下公司的鳥事，大部分聊的都是關於跑步的事。

後來，老闆有天突然心情不好，找了個機會無預警就把弟弟開除了！當天通知、當天趕人，沒付半毛錢那種。

傳聞這事後來鬧到勞保局，不過聽說老闆已經習慣，罰罰錢就沒事了。身強體壯的弟弟後來爭氣地考上清潔隊，成了穩定的公務人員，也順利結婚成家，再也不用受到私人企業慣老闆的欺負。在二〇一九年的台北馬拉松結束後，我收到了弟弟傳來的訊息：

「哥，我終於跑進三小時了，02:59:02！」

再過兩週，我就要到台東參加一年一度的鐵人三項比賽了，最近只要一有空，我就會練習跑步、游泳跟騎單車。每回的自我訓練都是段枯燥乏味的過程，尤其是游泳，必須在一個小小的泳池內來來回回地游上至少半個小時，無聊到讓人感到窒息（其實是喘不過氣）。

我常常在練習的過程中，不自覺地想起了很多遺忘已久的往事，無論是開心的、或是那些傷心的回憶。然後思緒突然間又回到了正在喘息著的當下，關照著此時此刻四十六歲的自己。雖然疲憊，但是很慶幸現在的我還能跑著，跑在一條屬於自己的人生道路上，跑向自己想要去的方向。

嗶！手錶響起，出現了訊息：「新紀錄！跑步 VO2 Max 41（良好）。」

突然覺得好開心，因為已經很久很久，沒有變強的感覺了！

09 因為找不到放棄的理由

我平安完賽了！

在長達一百一十三公里、八個小時的鐵人三項比賽過程中，某些關鍵時刻會需要非常專注、應付突如其來的狀況；也有些時候，會突然進入一種類似冥想的狀態，彷彿時間跟空間都瞬間停止了，只剩下自己還有當下。

開賽後，我在水裡掙扎著前進時，每划動一次手，我就想起了這段時間寫過的每一篇日記、發生的每一件事情。有好多次突然覺得好累，想就此停下來了。放棄只需要一個理由，堅持卻需要很多個原因。遺憾的是我找不到任何放棄的理由，所以只能繼續堅持下去。

在能見度不高的水裡其實跟瞎了沒什麼兩樣，你只能專注聽著自己的喘息聲，感受水的阻力，還有認真地控制著心跳、方向及剩下的體力。

比賽才剛開始，目標就是要完賽。

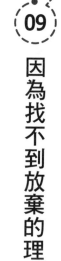

好不容易上了岸，進入轉換區，手忙腳亂、狀況百出。除了防晒乳擠不出來、腿套也套不進去，索性放棄。計畫永遠趕不上變化，人生如此，比賽也差不多一樣。

終於騎上了單車，慢慢地感受身體的狀況，逐漸提高速度，一切就緒，我開始趴下身體，專注地破風前進。

一路向南騎，通過折返點的長上坡後迴轉，居高眺望蔚藍美麗的太平洋。沒擦防晒的臉跟雙肩開始覺得疼痛，心臟激烈跳動著，風吹在臉上的感覺很舒服，交織成完美的一瞬間。

痛並快樂著，正是活著的感覺！

第二圈時體力逐漸下降，太陽越來越大。拍了拍有點累的雙腿，依舊找不到放棄的理由，決定繼續堅持下去。

最後五公里騎得有點辛苦，好不容易完成了單車項目。拿到跑步用的轉換袋後，迫不及待找出另外準備的那罐防晒乳，用力地塗抹在刺痛的臉跟雙肩上。

只有在失而復得的時候，才會開始懂得珍惜一切。

頂著大太陽跑出了轉換區，雙腳有點抽筋的感覺，看了看被晒到發燙的手錶，最後的半馬，看來只能馬馬虎虎跑完了。

心跳平穩，雙腳也恢復了正常，可是就是跑不起來。我走走跑跑，像極了此刻的人生。一切，不是偶然。

孤獨地前進著，直到遇上了共同參賽的一位夥伴。突然想起寫日記這段過程中遇見的人們，這一次，我決定慢下腳步，陪著隊友一起完成剩下的路段。

我們並肩走著，在補水站把全身淋溼，像是玩水的孩子。

一路上盡情地喝著補給站的冰可樂，邊走邊聊天，聊自己過去參賽的過程，聊這場比賽對於自己的意義。

我們瞧見了許多還落在後頭，奮力前進的參賽者們，大聲地為每一位不放棄的鬥士加油。Anything is Possible！

最後，在通過終點的拱門時，我的腦中不自覺響起了一首歌：

Give me one moment in time（給我人生光輝的那一刻）
When I'm more than I thought I could be（當我超越自己想像的時候）
When all of my dreams are a heartbeat away（當我所有的夢想觸手可及的時刻）
And the answers are all up to me（而答案全部掌握在我手中）

Give me one moment in time（給我人生光輝的那一刻）
When I'm racing with destiny（當我全力與命運奮鬥的時候）
Then in that one moment of time（就在人生光輝的那一刻）
I will feel（我會感覺）
I will feel eternity（我會感覺到永恆）

——〈輝煌時刻〉（One Moment in Time）

祝福大家，都能創造屬於自己的輝煌時刻，自由飛翔！

10 原諒後才能繼續往下走

如果有一天，突然遇見了曾經背叛自己的前女友，或是小時候霸凌過自己的老同學，你會怎麼處理？

在雙手緊握著拳頭的同時，我心裡想的是狠狠地咒罵、用手上的酒潑對方、甚至用力捉住那傢伙的頭去掄牆、讓他難堪丟臉，就像半澤直樹說的「加倍奉還」！

但從小個性懦弱的我，最終選擇的方式不是逃避，就是裝作沒看見，或是不認識對方。就這樣靜靜地躲在一旁，讓心裡的小宇宙上演著激烈報仇的戲碼，直到曲終人散後，各自回到原本屬於自己的平凡日子。

反正留疤的傷口永遠都不會好了，不是嗎？

我就這樣壓抑了一輩子。直到昨天晚上，在一個私人的聚會裡，遇見了三個月前決定開除自己的老闆。

在參加聚會前，我就知道很可能會遇見他，但實在找不到任何放棄的理由。況且就算要閃，那個人也絕對不會是我。

剛到會場，交友廣闊、深諳江湖規矩的主辦大哥一見著我，就走過來直接問說：「你們之間還好吧？待會兒會不會有問題？」

愣了一下，我鼓起笑容回答說：「沒問題的，我們分得乾淨利落，還是朋友！」

我說的是真的，這些日子來沒什麼想過無緣的他，就算偶爾飄過念頭，也是掛念擔心多於怨恨詛咒那種。甚至這段時間，自己開始有種「現在過得很自在」的感覺，如果還留在公司，應該早就被那些改變不了的壓力跟現況搞得心力交瘁。最重要的是，每天都得活在一個充滿了謊言跟虛偽的辦公室裡。

其實，我是幸運被天使老闆拯救的對象。

離開公司三個月來，我做了好多從來沒想過的事。除了寫下超過一百篇日記，參與了好多有趣的合作邀請，到台東完成一趟深度旅行，甚至成立社團，我每天早上送兒子上學，陪家人過暑假，帶爸媽一起出遠門旅行。花時間跟自己真心喜歡的朋友一起，看自己喜歡的電影跟戲劇，玩積木，又完成了一場鐵人賽⋯⋯

我只用了一份收入穩定但看不到明天的工作，換來一大堆開心的回憶，還有無限可能的未來。

一邊搖晃杯子喝著冰透的清酒，腦中快速播放完了這段時間精彩的回憶片段。

「謝謝你，做出了資遣我的決定！」

當我跟老闆說出這句話時，我看見他緊繃的表情放鬆了下來。我們剎那間變成了再也沒有利害關係的真正朋友，一起開心地跟大夥兒聊天。拍大合照喬位置時，他用力擠到了我的身旁，大聲說著：

「我要跟我兄弟一起！」

回家的路上，在手機裡瞧見了一位年輕藝人猝逝的消息。

美好的生命稍縱即逝，就像美麗的流星一樣，如果把力氣都花在那些糾結的過去跟沒有勇氣改變的現在，那就永遠都沒有機會創造出自己夢想的未來。人生很苦，但要懂得苦中作樂，才會甘之如飴，才能活出自己想要的模樣。

原諒過去，才能改變今天，創造更好的明天。

11 給自己設下死線

以前在工作的時候，我最討厭看見「Deadline」這個字，無論再怎麼翻譯，這個名詞都讓人充滿了壓力跟無奈。每天上班、每個專案、每位客戶、每件需求，背後都帶著時效性。我常幻想，如果所有的事情突然間都沒有了Deadline，日子會不會過得開心一點？壓力會不會少一些？

經過了這三個月的親身實驗，我發現答案是「No」！Deadline無所不在，生活中處處充滿了時效性，用心過好日子，才會有好日子。

有一天，我突然想起了之前抽到的「農遊券」還沒用，很神奇地，想到的那一天剛好就是過期的第一天，我們一家四口一共有一千塊的額度，就這樣統統無條件歸還給政府了。為了這蠢事我跟太太難過了一整晚。

以前，老闆跟客戶都會熱心地提醒你工作期限快要到了，但現在生活上很多大小事，真的只得靠自己提醒自己了。

上週天氣突然變冷又下雨，行程表上也沒安排任何事，我任性地在家耍廢了好幾天。結果除了心情變得很不好，最糟的是完全沒有任何一點關於那幾天的記憶，感覺就像是突然間被外星人捉走了一樣。如果每天都這樣過日子，我應該很快就會憂鬱了。於是我打開了Google日曆，幫自己安排接下來的行程。

沒有Deadline的日子，感覺真的跟快死了沒什麼兩樣……

還領著別人薪水的時候，總會有人幫你安排好不間斷的任務，Deadline代表的是最後通牒，是完成任務的底線。可當有一天你得靠自己謀生的時候，就只能自動自發安排所有事，才有可能創造出自己想要的一切。

當Deadline搖身一變成為了努力奮鬥的目標，就是壓力轉變成前進助燃劑的那一刻。

昨天上午我騎了四個多小時的單車，連續爬了五座山頭，共計爬升一千五百公尺的高度，因為之前參加的「登山王自我挑戰」只剩下最後一週的時限了，而我還有四千公尺要完成。每位挑戰者都有整整一年的時間完成這個挑戰，但之前的我太過安逸，一天捕魚七天晒網，只得誠實面對自己種下的苦果。

當連續爬坡超過一千公尺之後，雙腳的疲憊跟喘息聲都會突然消失不見，只會聽見內心的聲音，告訴自己要堅持下去。

我打算拚到最後一刻為止。

「歡喜做甘願受」這句話說的其實是每天的日常，當你看破了 Deadline 背後的意義，無論是工作上或是生活上的大小事，都會感到心悅誠服，都能夠用心領受。

12 決定成功的關鍵

我的身邊有一些很會投資理財，或是從事財務相關工作的朋友們，他們對於數字都非常敏感，甚至擁有近乎第六感的超能力，總是能在第一時間透過數字的變化判斷趨勢、分析問題、找出答案。每回跟他們吃飯聊天時，我總會用崇拜的眼神，聽著他們滔滔不絕地分享數字代表的意義。

耳濡目染久了，慢慢地，我也開始對數字有了一些感覺，尤其是最近發生的幾件事情，都讓我不斷地思考數字背後的真相。

這兩週我過得很辛苦，每天都要強迫自己往山上騎車，在短短的兩週內累計爬升了八千一百八十六公尺，終於趕在期限內完成了登山王的挑戰，又達成了自己訂下的一個目標。單從數字上看好像沒什麼了不起的，但過程實在是異常艱辛，有好幾次真的累到騎不下去了、感覺很痛苦的時候，心裡會突然湧出「乾脆放棄算了」的念頭。

事實上，這已經是我第二次挑戰了。前年在相同的狀況下，自己不爭氣地在中途就決定放棄。去年打定主意捲土重來，終於在第三百六十一天，累計爬升到三萬公尺，完成了這次的挑戰！

因為親身經歷過，所以對於每個數字都格外地有感觸。數字代表的不再只是高度或是成果，而是汗水以及決心。

我突然明白了為什麼那些白手起家的有錢人總會說：**財富所代表的，早已超越金錢上的價值，而是自我的肯定！**

好不容易結束了一個挑戰，我又緊鑼密鼓接著準備下一場殘酷競賽：職訓課程的考試。

依照考試通知資料，錄取率竟然只有一四％，比我預期的三成還要低了一半。在沮喪的同時，我突然覺得有點好笑，明明考試的結果只有兩種：考上，以及落榜，錄取率分別是一〇〇％，跟〇％。我算了半天的錄取率說穿了，只是對於所有參加考試者的一個統計結果，而對於每位獨立的應考者而言，一點意義都沒有。

就像是我剛完成的登山王挑戰賽一樣，去年失敗了，而今年終於成功了。當想通了這個道理之後，我的壓力小了不少。總之就是全力以赴，繼續K書，做好考試前的所有準備吧！

失敗並不可恥，但放棄所帶來的遺憾，會讓人垂頭喪氣，忘掉自信的感覺。當你決心做一件事時，決定成功與否最重要的關鍵，其實是自己的「態度」。

就算只有一%的機率，只要成功了，對你而言就是一〇〇%，不是嗎？

希望有一天，我能夠有智慧看透更多數字背後代表的價值。未來的人生，應該就可以更豁達一些吧！

人生就是一連串不間斷的挑戰，這回挑戰的結果會是一〇〇%還是〇%呢？就讓我們拭目以待。

13 從頭開始沒那麼困難

重新來過，真的很難嗎？

我曾經有過不少因為失敗，必須重新來過的經驗。雖然過程中吃盡了苦頭，但對我來說，決定要重新來過並不難。在不知不覺中，重新來過已經內化成為了自己生命中的一部分。就像是每次的跑步練習，無論上次跑得多遠、多快、感覺有多好，今天就是得歸零重新開始，才能創造新的里程跟感受。

考試的指定教材讀累了，我上網看了讀者推薦的《東京奏鳴曲》，主角跟我一樣在四十六歲那年突然被資遣，失業就像是壓垮駱駝的最後一根稻草，改變了他、他的太太、還有兩個兒子的生活，全家人同時展開了一場奇妙的旅程。由於前半段實在太過寫實，我看得其實不是很開心，感覺有點沮喪。

直到在某個橋段中，劇中的每個人都終於受不了，突然大聲吶喊：「我想重新來過！」「究竟要怎樣才能重新來過？」「拜託讓我重新來過好嗎！」

之後的劇情才變得不大一樣，讓人稍微理解這齣電影想要傳達的意念究竟為何。結局是這一家人挺了過來，每個人的身上跟心裡雖然都發生了一些變化，但依舊繼續過著各自的人生，一起走向未知的未來。

雖然只是平平凡凡，像是跌倒後再爬起來，拍拍身上灰塵之後繼續向前走的普通結論，卻真實地觸動到我的心，就像是平淡的白開水一樣，在通過喉嚨的一瞬間讓人感到舒暢。

自從離開工作了十年的電子產業後，我曾經有兩次為了進入不同的產業，讓自己歸零重新來過的經驗。認命領著比大學畢業生還低的薪水，從最低層幹起，然後幸運地，在短時間內又爬到了不錯的位置。就像是一次次重新站上了起跑線，聽著槍聲響起，拚了命地低頭向前奔去。

沒想到此時前方的路又突然斷了，等回過神來，只好把頭抬起來，尋找下一條道路，然後重新來過。

一定會很辛苦，不過這終究是自己的人生，還是得繼續跑下去才行！

14 勇敢地踏進考場

剛結束了筆試，我正在考場附近等待下午口試名單的公告，現在的心情，像極了洗三溫暖的感覺。

人生中有很多出乎意料的事，就像是這場職訓課程考試一樣。剛滿四十六歲的我壓根兒沒想過會在人生的這個時間點，重新進入考場，去角逐成為那機會不到一四％的幸運兒之一。

為什麼我會用「幸運兒」來形容，而不是用「獲勝者」呢？因為在這個世界上要成功除了要認真努力，有時還得靠一些老天的安排跟幫忙才行，就像陪伴我們長大的那首經典台語歌寫的一樣：「三分天註定／七分靠打拚／愛拚才會贏！」

在度日如年的準備過程中，我最大的樂子，就是在那些看似無聊的答案裡尋找自己過去工作的蛛絲馬跡。這個過程跟以前小時候念書時真的有很大的不同，簡單地說，以前讀書大多都是靠囫圇吞棗硬背一通，根本就沒有經過什麼思考。而現在我會先停下來，思考一下那些所謂的「正確答案」究竟合不合理，雖然會花比較長的時間，但想通的答案就會確切地刻在腦袋裡，形成一種類似「原來如此」的領悟。

總之，我釐清了不少之前工作上遇過的問題，雖然大部分都是屬於「學術上」的理論解答，但依舊有不少收穫。人生的確沒有白走的路，只要願意思考發掘，就連路邊不小心踢到的一顆石頭都可以帶來滿滿的收穫。

實不相瞞，我進入考場時的心跳比參加鐵人三項時還要劇烈。環顧人山人海的考場，除了男女、更有老幼，年長者穿得都跟我差不了多少，年輕人則較為輕鬆自在。首先，我得通過第一輪筆試測驗的淘汰賽，才能獲得第二輪面試的機會。

出乎意料的，上午的筆試考題並不困難，有超過一半的人都在三十分鐘內寫完了考卷，從容地交卷走出考場。殘酷的第一輪考驗標準應該會拉得很高，我預估最多只能有一題的容錯率，要獲得接近滿分的成績才有機會獲得口試的資格。

走出考場時天空露出了陽光，是個好預兆！

這次考試的結果雖然很重要，不過對我而言更有意義的是準備過程，意外地讓自己重新思考了過去的職涯跟經歷，以及接下來想要發展的方向。

最有趣的是，我並不是刻意去安排或是思考這些事情的，而是順著一些奇妙的發展就走到了現在。

我猜想，待會如果有幸進入第二輪的口試，主考官一定會問我：「嘿，已經一把年紀了，怎麼還會想來參加這種職訓課程？」

我應該會摸摸頭，靦腆地回答：「因為這次課程的內容都是想學的新知識，而且我恰巧剛丟了工作，符合參訓的資格。雖然自己上有老下有小，還有千萬的房貸要還，但如果有幸能透過進修讓自己升級，就能擁有更強的競爭力，上完課繼續回到職場賺錢打拚，開創下一個階段的人生！」

雖然不知道這樣的回答能不能引起主考官的興趣，不過我說的可都是真心話，就看老天爺垂不垂憐自己了。

15 將悲傷化為美好的記憶

「人總是以為自己只能改變未來，但是實際上，過去也時常隨著未來被改變。但願你今日的悲傷，因為明日的相遇，變成美好的回憶。」

——平野啟一郎《日間演奏會散場時》

接連完成了幾個目標後，頓時有種空虛的感覺，這兩天我就只是待在家裡，哪兒都不想去。一方面準備好好收拾一下心情，同時等待職訓考試的放榜結果。

時間過得真的好快，從五月一號開始寫日記到今天，一眨眼已經過了五個多月了！一開始的兩個月我寫下了「倒數六十天職場生存日記」，接著花了三個多月記錄下「大叔轉身日記」。感覺也到了該進入下個階段的時候，就像是鐵人三項比賽一樣，你得先游泳、接著騎單車、然後完成跑步，才能夠進入最後的終點。

自從正式離開工作後，我把自己的大腦關掉，只專注在生活上，以及完成自己訂下的目標。就像沒有根的浮萍一樣，順著生命的河流漂著、感受著、享受著，相信發生的一切都是最好的安排。

以前我總嚮往「吸引力法則」那種神奇的境界，曾經拚了命地想召喚財富、成就、還有成功來到自己身上，遺憾的是從來沒有一次順利成功過。

這次，我投降了。就只是把自己交付給上天，他告訴我該往哪兒去，我就往哪兒去。就像是MOD裡無預期出現的電影一樣，裡頭往往充滿了上天捎來的訊息，總是帶給我驚喜。

自從沒了收入後，原本就拮据的日子變得更讓人難受，我儘量減少了自己的開銷，除了必要花費的項目外，能省就省，看電影這件事當然就交給了MOD上的月租免費電影解決。過去這段時間我看的片子不少，但坦白說都不怎麼樣，真正有價值的好電影好像都不會落入免費專區，就像真正能創造價值的工作者，總是能創造讓人羨慕的高薪一樣。

總之，我決定花八十九元看那部想看很久的《星際大戰》最新一集，慰勞一下準備考試辛苦的自己。

找了半天，我驚訝地發現星際大戰最新一集居然下架了！看來電影公司覺得八十九元還是太便宜，要看就得乖乖地掏錢買DVD！我只好繼續在MOD上尋找免費電影……

幸運地，我發現了一部之前沒聽過的電影《日間演奏會散場時》，男女主角都是我很喜歡的演員，最特別的是電影配樂用的是西班牙古典吉他，那讓我想到自己創業時的很多回憶。我花了兩個小時一口氣看完這部，除了有成熟大人的戀愛故事，也充滿了人生哲理的動人電影。

在片尾的最後一場戲中，主角在演奏完畢後，對著全場起立鼓掌的觀眾們說：「這四年以來，我身為演奏家的時間停止了，這可是痛苦迷惘的一段過去，但這四年構成了我現在的音樂……」

聽著這段話，我回想起了自己這段時間發生的事情。

這五個多月以來，我身為上班族的職場時間突然停止了，這真的是痛苦又迷惘的一段日子，但這段時間構成了我現在的文字、思想、跟嶄新的人生觀。如果沒有這些，自己應該早就變成了一個終日酗酒、沉淪在過去美好回憶中、滿心怨恨的中年大叔了吧！

幾個月前，我曾經覺得自己很倒霉，遇上了中年失業這件事。但一路走到現在，我開始覺得自己其實很幸運，能有機會接受這份上天安排的禮物。不管未來如何，這都會是我人生中最精彩難忘的一年。

就像是貝多芬所說的：「傍晚將會見證一切。」

人生累積至今的那些傷痛跟挫折，有朝一日，都將會變成美好的回憶。無論發生什麼事，請各位跟我一起，繼續朝明天走下去！

16 總有必須低頭面對挫折的時刻

「只要活著，就會遭遇痛苦。但是，希望肯定存在於某處。若失去希望，再找出來就行了。若找不出來，就自己創造希望。若有一天，連這些希望都消失，從頭再來一次就好了。」

——北川惠海《不幹了！我開除了黑心公司》

職訓的結果公告了，很遺憾的，我沒有成為那少數的幸運兒之一。

分析了一百個自己沒有考上的理由，包含了年紀太大、長得太醜、口條太差、不夠討主考官的歡心……但應該要過很久很久以後，我才能夠理解那背後真正的原因。就像是過往人生中所有遺憾的事、後悔的事、傷心的事、難過的事一樣，總是需要時間慢慢消化，然後細細咀嚼，才能夠嘗出個中真正的滋味。

其實失敗對我而言並不陌生，從小到大，我從來就不是個出類拔群的傢伙。念書如此、出社會後也是如此，我常常會看著鏡子慚愧地對自己說：

「嘿，父母把你生得人模人樣的，拜託爭氣點，別再讓家人操心，讓他們替你覺得驕傲好嗎！」

很抱歉，我又再一次讓自己、讓愛我的人們失望了。

我已經不再年輕了，但依舊任性地不想讓失敗擊垮自己。

在清晨最冷的時刻，太太突然鑽進了被窩，熱呼呼地抱著我，帶來了一絲溫暖。

昨晚我出門參加研究所同學們的餐敘，途中接到家裡的電話，孩子都很關心考試的結果，可惜自己總是沒法成為他們的好榜樣。

心情不怎麼好的我其實不大想出門，不過待在家裡、關在房間裡喝悶酒沒有任何幫助，不如到外頭跟朋友一起開心乾杯，可能還會有些新的刺激跟想法。

酒過三巡之後，好久不見的同學們熱絡地交換這段時間各自的發展，有位十分景仰的學長剛受邀回學校分享，演講的標題是「我所投資經營的五十家公司」。我聽了下巴差點掉下來，走跳江湖多年的我至今待過的公司加一加，了不起也才十間左右，人家竟然已經投資經營了五十間公司！

有位同學突然大聲讚嘆今晚的酒格外順口好喝。廢話，這可是一瓶市價三千多元的約翰走路頂級藍牌呢！跟平常在大賣場買的酒相比當然級數不同。今晚作東的董事長在同學群裡除了年紀稍長，成就更是高出眾人一大截，他總是把大家當作弟弟妹妹。每回參加他主辦的活動，我的心裡總是充滿感恩跟讚嘆，也勉勵自己有朝一日如果有能力，要像他一樣照顧身邊的人。

董事長同學嘆了一口氣說：「今天我三點就起床，五點出門，坐高鐵去了高雄、彰化、南投，然後趕回台北跟大家吃飯。不知不覺我已經工作超過四十年了，很難想像自己竟然能夠工作這麼久。」

董事長這輩子都在自己創業的公司裡努力，每天認真打拚，是個完美的職場典範。這學期他也受邀回學校分享，講座的標題是「成功與失敗的人生挑戰」，大夥兒又一起乾了杯，說好要回去聽這場難得的分享。

有點微醺的我，心裡除了佩服這幾位功成名就、讓人願意效法的好同學外，也慶幸自己沒有像隻土撥鼠般躲起來自怨自艾，還好有來參加這場難得的聚會。

真實的世界並不會因為你受了傷、停下了腳步，就跟著停止轉動。要實現心中的夢想，就必須勇敢踏出腳步，「Keep Walking」！

如果有一天，學校也找我回去分享，主題就說「如何當個平凡快樂的大叔」好了。雖然沒法對這個世界有太多實質貢獻，但至少可以藉由發生在我身上的故事，讓大家知道就算總是失敗，其實也沒有什麼大不了的。

「我覺得，你應該是表現得太過自信了。」

太太抱著我，在耳邊輕聲對我說著。是啊，我表現得一點都不像是被失業所苦、希望透過職訓課程學習一技之長的傢伙。除了態度不對，穿著似乎也太過顯眼，這回的口試策略上明顯出了問題。檢討會議迅速得到了簡單具體的結論。

一直以來，面對客戶時我都習慣全力以赴，表現出最有自信的模樣，爭取信任並獲得訂單。沒想到這回踢到了鐵板，面試官肯定會覺得這傢伙是要來應徵職訓講師才對，怎麼會來當學生呢？根本是來亂的吧？

我笑著跟太太說：「沒關係，下回我打扮得寒酸一點，然後低著頭，用更誠懇的態度再試一次吧！」

上個禮拜，我意外發現了另一個內容更適合自己的職訓課程，但只剩幾天就截止報名了，雖然時間很趕，不過我想試試看，再挑戰一次。

從小學校都教我們做人要抬頭挺胸，但現實的社會卻讓我學會了，其實有時更需要低聲下氣才行……

17 在跌倒的下一刻站起來

人生道路上充滿了各式各樣不可預期的阻礙跟難關，遇見了，就只能想辦法通過才行。

在上次落榜之後，我再次走進了考場，又一次通過了第一階段的筆試。離第二階段排定的口試時間還有一個半小時，我在考場附近找了處隱密的角落，開始寫下今天的日記。

今天有種奇幻的感覺，像是在看一部重播的電影。從一早起床做最後一次的考題複習、請太太幫我挑衣服、搭車到考場、筆試、吃午餐、等口試名單公告、準備口試。一切都跟兩週前的考試一模一樣，只是這回考題不同，心情比較淡定，也沒那麼緊張了。想想人生中很多事都是這樣，一回生、二回熟，到了第三回就不知不覺成為專家了。

早上走出考場時，突然有人熱情跟我打招呼，仔細一瞧原來是報名當天遇見的考生，她也有參加上回那場考試，可惜的是雖然獲得了備取的資格，最終沒能替補上。如果我是她的話，心情應該會差到不行吧！不過她沒有放棄，跟我一樣繼續報名了這一場考試。我們祝福彼此，希望這回能順利成為同學。

看著她帥氣離去的背影，真心覺得自己該學學人家那股帥勁，連備取沒上都能這麼灑脫了，我還有什麼好不甘願的呢？

人的一生中，總會莫名其妙遇到一些檻。在事發當下一定會充滿情緒，除了怨天怨地怨自己，更會突然間失去最重要的信心跟勇氣。這個時候，就是重新檢視自己「信念」的重要時刻，老天爺除了考驗我們，更給了我們一個機會，重新選擇的機會。

當檻不見了，就代表老天給的功課做完了，可以繼續往前進了。

當有一天再經過曾經失敗的地方時，還會記得的，將只剩下甜美的回憶……

這次，我終於幸運錄取了！

在短短的三週期間，我經歷了從期待的天堂跌落地獄，再從地獄爬回天堂的殘酷考驗，彷彿是老天爺開了我一個玩笑，賞給我一個寓意深遠、精心設計的禮物。我很慶幸自己沒有放棄，又順利完成了一次充滿煎熬的挑戰。

當有一天，你可以在跌倒的下一刻就站起來，然後輕輕拍掉灰塵，接著若無其事帶著笑容繼續往前走時，那最後的終點，應該就離自己不遠了！

接下來在職訓的日子裡會遇見什麼人？會發生什麼有趣的事？又會創造什麼寶貴的機會呢？

請跟著我一起，繼續勇敢探索下去！

第三章

痛苦蛻變後，成為更好的自己

丟掉丟掉、統統忘掉。
我，再也不要當那個老掉牙的自己了。

01 三道人生關卡

如果把人生比喻成一條長長的路，包含你我在內的每個人，都必須從起點走到終點，在這過程中會經歷三個不同階段，分別是：走好路、走對路、以及走想走的路。

就像打電動一樣，你得從零開始累積經驗值跟戰鬥力，通過一些關卡考驗後，才能進入下一個階段。有些時候卡關了，就會留在原地動彈不得。也有些時候生命力沒了，就會出現「GAME OVER」的畫面（搭配很可憐的音效）。然後你可以選擇從死掉的那關繼續玩起，或是乾脆重新開始，繼續挑戰一次！

四十六歲的我，在人生這條長長的路上剛好通過一半的位置。回頭看看跟我同時出發的夥伴們，我發現有人還停留在第一關、有人卡在第二關、也有人早就進入了第三關。而我呢？則是不斷地在這三道關卡之間跳躍穿梭。好幾次當自己覺得好不容易進入了最後的關卡，終於可以喘口氣的時候，突然間就會被天上掉下來的一顆石頭砸中，然後又瞬間打回一開始出發的地方。

雖然心裡很不甘願，不過既然經驗值跟戰鬥力都還沒有歸零，那不如就重新再來一遍吧！

❖走好路

在這個階段裡要學會的，是最基本的工作方式以及技巧，也包含了基礎的工作態度跟知識，是個打底的過程。你得耐著性子忍受那些枯燥無味、看不出價值、更沒什麼成就感的修煉。很多人會因為缺乏耐性、或是突然間遇到另一個機會，就迫不及待脫離了這個階段。然後過不了多久，就會因為基本功不足，又迅速被打回這個階段。

❖走對路

小米科技的創辦人雷軍說過「站在風口上，連豬都會飛」，這句話雖然可以有很多解讀，但我基本上是同意的。如果你自認實力並不出色，卻迫切想要成為職場勝利組的話，記得挑對時機、投入正在起飛的產業、或進入正在快速成長的公司，先卡個好位置，然後拚了命幹下去，相信能飛起來的那一天很快就會來臨了！

❖走想走的路

這關看似最簡單，其實是最難的，幸運的是你不一定要玩這道關卡。很多人一輩子就只停留在第一關、第二關裡打怪，可以玩得比較開心，也沒什麼太大的煩惱。不過如果你早已擁有了財富、物質與成就，卻總覺得人生就像白開水一樣平淡無味的話，那可能要闖闖這一關才行。

這三道人生關卡看似獨立，實則息息相關，交錯編織成每個人生命中的一道道考驗。這回，它們突然合體成為了一道超級大的難關，朝著我筆直撲來，展開了一場正面的對決。

最近每天早上，我都會在送兒子上學後回到家裡，打開電視看正在播的連續劇《夏空》。這齣劇講的是一個因為戰爭突然失去一切的小女孩，被領養來到一個陌生的地方後，在未知的領域中奮鬥成長，迎接一個又一個挑戰的人生故事。

最近一集劇情演到了跟女主角一起長大的一名青梅竹馬小畑，原本肩負著繼承家中和菓子店的責任，千里迢迢遠離故鄉來到都市學藝，經過了兩年的努力，卻突然間發現自己喜歡的不是料理，而是演戲！

這個天大的發現驚動了小畑身邊所有關心他的人們，有一些人支持他、更有許多人不諒解他。經過一番波折，最後他成功用自己的態度，說服了頑固的父親認可了他的夢想，支持他走向圓夢的路。

戲還沒演完，我不知道最後小畑會不會順利成為一名傑出的演員，不過很明顯的，他選擇了「走想走的路」，然後重新回到「走好路」的關卡。

最重要的是，不管選擇了哪條路，都得拚命努力才行！

02 找到興趣和做自己

很多人告訴我職訓課程都很無聊，師資普普通通，上課的學員更是馬馬虎虎。上了整整兩天的課之後，我覺得好像不是這麼回事。

雖然沒法分享課堂上的細節，不過無論是老師、課程內容、同學，都讓我有種「重新回到學校進修」的幸福感。班上的同學涵蓋了五、六、七、八年級生，大家都拋開了前一份工作名片上的身分，一起歸零重新出發，共同尋找下一個幸福的方向。

在兩堂不同的課程中，兩位老師不約而同地建議大家都**要擁有一個自己的「興趣」，因為這除了是維持心理健康的好方法，更可以帶來小小的成就感**。這些興趣不一定要花大錢，可以從生活中隨手可得的資源裡下手，創造出只屬於自己、意義非凡的珍貴回憶！

舉個例子來說：趁著每次旅行或是出差，蒐集住宿房間裡免費提供的「筆」，回家後插在同一個筆筒裡。每當心情不好時，就像抽籤一樣從裡頭抽出一根，然後回想那次旅途中發生的趣事。

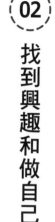

這個建議讓我回想起了自己從小到大曾經收藏的那些事物，也思考起了自己最近的一些改變……

不知道大家有沒有類似的經驗，當好不容易完成一個目標、或是得到心中期盼已久的物品時，那最開心最快樂的感受也在一瞬間同時達到最高點，接下來就會隨著時間逐步遞減，甚至消失不見。

把這個道理套用在工作上、嗜好上、甚至感情上，都會出現相同的感受，越大的成就帶來的失落也越深，就像是吸毒一樣，毒癮會越來越嚴重，你所投入的時間跟資源也會越來越多，最恐怖的是越來越難滿足。

我的身邊有不少像中了毒似的，不斷地追求更高的職位、賺更多的錢、蒐集更多的跑車、談更多刺激戀愛的傢伙。曾經我也是其中的一分子，還好老天可憐我，總會在適當的時候推我一把，強迫我離開那些無間的地獄。

失去了金錢跟權力之後，才有機會好好地跟心相處，做回真正的自己。

我現在最大的興趣，就是透過寫日記，探索內心的想法、整理紊亂的思緒、創造出無限可能的未來。

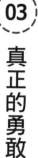

03 真正的勇敢

「能治癒你的不是時間，而是明白的瞬間。每個令你害怕的時刻，都是能讓你勇敢的機會。」

——布拉瑞揚舞團《沒有害怕太陽和下雨》

上午，職訓課的老師跟我們分享他之前授課到一半，突然得知他父親發生意外時的心情。沒想到，下午的課上到一半，我就收到了母親發來的訊息，通知我父親身體出了狀況，正在緊急送往急診室的路上……

這是父親的老毛病了，每隔幾年他都會因心血管的突發狀況而緊急就醫。在電話裡跟母親問清楚狀況後，我決定等上完課再趕去醫院。講台上老師認真地上著課，講台下我的心有一半已經飛去了父親的身邊，不斷祈禱著上天能夠幫助父親，再次度過這次的險境。

身為家中獨子的我，從小就很怕父親會突然間離開。那種恐懼就像是面對一顆隨時會爆炸的定時炸彈一樣，因為不知道老天設定的時間，所以總是戰戰兢兢地過每一天。當兵時自己抽中了外島籤後，更是擔心到了極點，我每天都好害怕沒法及時趕回父親的身邊，在他需要我的時候。

因為父親，我從沒想過離家。除了放棄了到中國發展的工作機會，也從不做冒險的事情。一直到了自己終於成家、也成為人父之後，我才慢慢地放下對父親的擔心，把焦點逐漸轉回到自己身上。

閉上眼睛，我彷彿看見親愛的父親微笑地對我說：「兒啊，照顧好妻兒，勇敢地做你自己！」

趕到醫院時，母親顫抖地交給我醫院開出的病危通知單。父親已被送進了急診室的加護病房中，醫護人員正在全力照顧中。生平第一次，我跟母親討論起了父親急救的親屬同意事項、以及身後事該如何安排。我們雖然有些不同的意見，但很快就取得了共識，做出決定。再來，就只能祈求上天了。

晚間，我跟母親各自回到了家中，準備隔天一早的探視。我跟太太說明了父親的病況，也跟她討論起了自己的身後事安排。我們說好了，要趁著自己還健康的時候，安排好之後的所有事情，挑個兩個人都喜歡的地方，繼續住在一起。

翌日，父親的病況穩定了不少，醫師決定轉往心臟科的加護病房繼續觀察。加護病房一天只有兩次的探視時間，跟母親商量後，趁著下午的空檔，我依約帶著太太來到了淡水的雲門劇場，參加了布拉瑞揚舞團ＢＤＣ的五週年演出。

這是我們夫妻倆第一次正式欣賞舞蹈表演，當表演到一半時，我發現自己感動到眼眶溼了。舞台上的舞者們用盡全身的氣力舞出了生命，父親也在醫院裡用盡最後的力氣努力地活著，而我自己，也沒停下腳步繼續向前走。我們都活出了自己最美麗的時刻。

表演結束，舞台下爆出了如雷掌聲，久久不已。舞者們一次次地揮舞著雙臂致謝，感動萬分。

目前，父親依舊留在加護病房裡觀察。趁著等待下次探視的空檔，我在醫院餐廳裡寫下了日記。

雖然不捨，但我心裡一點都不害怕了。父親教我學會了勇敢，我會成為一個真正的男人，無懼地盡情演出，直到人生謝幕的最後一刻為止！

04 人生更重要的追求

結束了第二週的職訓課程，父親的狀況也稍微穩定，但依舊在加護病房治療觀察中。突然間被迫赤裸裸地面對生命的議題，總會讓人對於人生湧出不同的想法，而最直接的一個問題就是：

「我還能夠活多久？剩下的日子打算怎麼過？」

一位職訓老師分享了自己幾年前的故事，他因為好友的猝逝，難過不已，痛定思痛決定不再擔任高收入卻也高壓力的專業經理人，重新取回自己剩餘人生的主控權。他開始積極健身、重拾興趣、學習靜坐跟氣功，同時轉型成為一位企業輔導顧問及講師。日子不再朝九晚六後，他更開始執行人生的斷捨離，捨棄不必要的物品及人際關係。日子雖然變得簡單，生活卻變得更加喜悅了！

下課時我激動地走到台前，表達了我的謝意。他除了是我的老師，更是我的生命教練。

常聽人說：「當學生準備好時，老師就會出現了。」在第二週的職訓課程裡，我除了親身體會到了這句話的道理，也更加明白了這次課程的意義。這是一趟上天安排好的旅程，是一條我必須踏上的學習之路。

我的筆記本裡寫滿了每堂課的筆記，關於老師教的、同學分享的、自己感受到的。除了專業的科目內容之外，我最大的收穫是來自於老師分享的個人工作經驗以及人生態度。

這群老師們都擁有超過二十年的工作資歷，已經走過了見山是山、見山不是山、見山又是山的境界。他們明明在外頭開班授課就可以輕鬆賺到好幾十倍的收入，為什麼還願意辛苦地到職訓班上課呢？

我想起了之前許下的心願：「想要找到一個適合自己，能夠發揮能力，也可以幫助很多人的工作。」看來上帝派了一群天使來告訴我：這樣子的工作真的存在著！

除了金錢之外，人生真的還有更多重要的事情值得去追尋。

雖然才開訓兩週，大夥兒已經開始在討論畢業旅行要去哪兒了。班上有好幾位同學都是從受疫情影響最大的旅遊業來的，班代更是一位資深的專業人員，他最大的任務就是幫我們規劃一場人生重新啟動的慶祝儀式。看來大家都很期待，那充滿希望的一刻，能夠順利地來臨。

老師今天在課堂上說：「八〇%以上的銷售是在第四到第十一次接觸後才能完成的。」我想工作其實也是一樣，你得不斷地努力嘗試、用心經營，才能夠越來越接近自己心目中理想的職場角色。在完成心願之前，我們唯一能做的就是繼續堅持下去，樂觀地創造出更好的明天。

05 眼中的自己是什麼模樣？

在某堂課上，老師為了讓同學們更了解現在的自己，特地準備了很多道心理測驗題讓我們練習。

每一次，大夥兒都得先回答「自己覺得的自己」是哪種類型？接著做完題目後，才會揭曉「測驗結果的自己」是哪種類型。在緊張中伴隨著好奇的氣氛裡，我們慢慢看清了那個既熟悉又陌生的自己，此刻真實的樣子。

大部分人都驚訝地發現，原來真正的自己跟想像中不大一樣，甚至完全不同。

在以前的工作裡，我曾經做過不少類似性質的測驗，大部分都是公司的人事部門提供的、或是內部教育訓練時講師分享的。測驗的結果都會將人分成幾大類，無論是依照性格或是特質，目的都是讓管理者能夠一目瞭然地盤點目前組織裡人力資源的性質分布。

這種管理方式就像是把每天吃進肚子裡的食物進行分類，然後畫出一個大餅圖，接著判斷有哪些營養素不夠、哪些過多、接下來要如何調整。

我並不討厭測驗本身，因為有時候還滿準的，是值得參考的好工具。但見到有些把測驗結果拿來無限上綱、無理濫用的曲解者時，心裡就會有點生氣跟無奈。就如同老師在解說時叮嚀我們的，影響測驗結果的變數很多，拿來參考就好，可千萬別太在意結果。

我就曾經遇過表現十分優秀的求職者，在通過初試跟複試後，因為不符合該職務所需的測驗分類，硬生生被刷掉的真實案例。後來通過測驗進來的，就只是個表現平庸的傢伙而已。

雖然有不好的回憶，我還是很認真地做完了每一道測驗，感受並思考分類結果代表的意義。

老師叮嚀著，這些測驗的目的只是讓人有機會發現不一樣的自己，除了針對缺點進行改善，更能發現優點加強發揮，讓此刻的自己變得更有競爭力。

最後我發現了兩件事實：

一、我跟自己想像的很不同，像個陌生人。

二、現在的自己跟以前不一樣了，我變了。

這兩個大發現，讓我開始真誠地面對此刻陌生的自己，看來，我得好好花時間重新認識眼前這個四十六歲的男人。

雖然不在意別人怎麼看我、將我分類、或者評價我，但我還是得先看清楚自己的內心，才能找到對的方向。在別人的目光裡活了大半輩子，是時候該為自己勇敢活下去了！

06 職場上沒有標準答案

我小時候念書時從來不問問題，一方面是對書裡的內容沒興趣，另一方面是覺得搞不懂也沒太大關係。沒想到後來出社會工作以後，我突然間變得很愛問問題，問問題除了讓我展開真正的學習，也開啟了我思考的習慣。

職訓課堂上，老師分享了自己是如何透過公司的「績效獎金」制度有效地領導團隊，以合作代替競爭，創造出地區業績第一的殊榮。這個故事讓我想起了很久之前，曾經發生在自己身上的一段真實故事。

還記得那天下午，正在外頭拜訪顧客的我突然收到了當時老闆的訊息，要我緊急回辦公室一趟。雖然沒有說明原委，但我心裡湧上了不祥的預感。

趕緊取消了後續的行程，我趕回公司，走進會議室裡跟老闆展開一對一的面談。原來，我被部門內某位同仁投訴，擅自濫用績效獎金制度，圖利特定員工，增加公司的銷售成本。

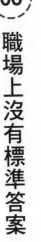

冷靜聽完了老闆的說明後，我委婉地說明了事情的來龍去脈，並且針對未來的改善方式提出了建議。投訴的內容的確都是事實，但我並沒有違反公司的管理規章，簡單地說，這件事反映了公司的現況，以及一個不盡完善、應當調整優化的薪酬制度。

人性最可怕的部分，就是永遠都無法滿足的貪婪，以及見不得人好的嫉妒心。該位投訴的同仁，其實就是整個部門內受惠最多的那一位。

這件事讓我難過了好一陣子，覺得自己突然變成了豬八戒，除了裡外不是人，更失去了老闆及其他同仁的信賴。後來我離開了那間公司，離開的原因不是制度不好，而是所有人都不再信任彼此。

我舉手提出了問題：「老師，我十分理解、也贊同您使用的團隊激勵方式。但這樣的操作方法會不會違背公司的規範？造成管理制度上的衝突呢？」

老師愣了一下，回答我：「績效獎金原本就編列在銷售成本中，基本上只要能夠善加利用、有效激勵團隊創造出業績，通常公司是不會干涉太多的。」

在公司成長的各個階段中，原本就需要搭配不同的管理制度，才能創造出該階段所需要的價值。就像是青春期的青少年需要大吃大喝才能長大，步入中年後的成年人就需要好好節制飲食，才能維持身體健康。

用腦袋思考後，會發現職場上有很多問題都不會有標準答案，每件發生的事情都有不同的解決方式，而且都會帶來不同的結果跟收穫，以及最終屬於自己的領悟。

07 惰性和忠誠

在一堂課上，老師帶領我們討論起了「品牌惰性」跟「品牌忠誠」的差異性。品牌惰性（Brand Inertia）指的是消費者對產品雖然不滿意，但為了避免轉換過程中的麻煩或是增加的成本，而選擇繼續購買同一項產品。品牌忠誠（Brand Loyalty）指的是消費者熱愛原先使用的產品，即便其他品牌推出的商品再好再便宜，依舊持續購買同一項產品。

雖然結果看起來一樣，但背後的動機卻完全不同。每天早上，我們在固定的時間，走進相同的公司裡上班，日復一日、年復一年，是因為惰性？抑或是忠誠？

回想起過去曾經做過的工作，對我而言，其實同時包含了這兩種元素。剛開始充滿了新奇感，像海綿一樣每天吸收成長時，忠誠的比率會高些。到了後來已經完全熟悉工作後，惰性就會變得越來越強，通常也代表該離開的時刻來臨了。

有個年輕的讀者曾問我：「聽說同一個工作不該做得太久，最多三年就該轉換到新的環境，否則就會停止成長，這是真的嗎？」

以我自己的經驗，基本上是同意這種說法的。我最長的工作一共待了八年，三年次之，其餘大多是一年多的時間。雖然也有幾次撐不過試用期的，不過通常最多的收穫都集中在剛開始的那段期間。那份八年的工作幾乎每隔兩年，就會轉換到新的部門負責新的任務。所以對我而言，兩年代表著有效成長的週期。

不過這個週期因人而異，會依據每個人的性格、擔任的職位、公司的文化、以及所處行業的特性有不同的結果。如果是傳統的製造業週期可能拉得很長，網路新創產業週期就會比較短些，最重要的是你得先搞清楚自己的職涯規劃跟身心狀況，才能做出正確的判斷選擇。

這麼說並不是鼓勵大家要常常換工作，而是希望每個人都能夠**誠實面對當下，感受現在的自己，是不是已經沉溺在一個舒適範圍裡頭**，除了停止成長，更面臨了不知道何時會突然被淘汰的風險。

人是有感情跟惰性的動物，通常待得越久越離不開，無論是在工作上或是人際關係上，其實都是一樣。

如果你也對未來感到有些迷惘，不妨思考，你選擇留下，究竟是為了愛，還是只因怕麻煩？

08 同一個位子

如果有一天，當你走進辦公室的時候，發現自己的座位上已經坐了別人，你會有什麼反應？

我曾經見過馬上衝上前去大聲理論的，也看過慢條斯理走過去輕聲詢問的，更瞧過轉身就走毫不留戀的……

職訓已經進入了第四週，在每天上課的同一間教室裡，不知不覺中大家已經默默形成了一種默契，開始坐在固定的位子。每個人都像可愛的角落生物一樣，各自找到了自己最舒適自在的位子。

我習慣坐在最前面、靠老師最近的一個位子，除了這個位子總是沒人要坐，主要的原因其實是有個插座，方便充電。而且坐在海景第一排有個最大的好處，可以近距離觀摩老師上課的一切，還有強迫自己專心學習。

這天依然下雨，路上依舊塞車，我遲到了一會兒。走進教室時，我發現自己的位置上已經坐了另一個同學，四處看了看，空位只剩下那位同學平常習慣坐的最後一排。我默默走了過去，安靜地坐下來，開始上課。

能有機會從另一個「新的位子」觀察自己「原本的位子」是件十分有趣的事，你會有很多新的發現，無論是關於過去、或者是未來。

原來，我每天坐的那個位子又暗（因為要放投影片）、又吵（喇叭就在旁邊）、壓力又大（老師一直看著自己），最後一排的這個位子既明亮又舒適，更可以一目瞭然看到全部的同學，觀察全班的互動。

放下了心裡的罣礙跟執著，我享受起這嶄新的位子，也跟旁邊的同學聊起了天。

終於，我學會了接受。更相信這一切，都是最好的安排。

但到了隔天，我一早走進教室，卻發現昨天坐在我位子的那位同學，又悄悄坐回了他原本的座位……

我有兩個選擇，可以立刻坐回自己原來的座位，或是再找個新的位子。

坐回自己熟悉的位子是最安全的選擇，因為我早就習慣了那裡的一切，無論是好的、或是不好的。

重新找新位子有點風險，因為我可能會影響到原本坐在那個座位的同學，就像是昨天突兀的我一樣。

快速掃描了所有同學坐的位子後，我發現今天有另一位同學突然換了座位，連帶影響了幾位同學也換了位子。結果在不影響任何人的情況下，我又坐進了一個全新的座位，一個大家挑剩的位子。

這種感覺其實並不陌生，除了跟小時候玩的大風吹遊戲很像，更像極了在職場上突然出現空降奇兵，所引發一連串組織變動跟重組的過程。當遊戲結束，風暴過去後，你會發現有人消失了、有些人換了位子；而自己，更是再也不想回去原本的那個位子了。

大風吹，吹什麼？

吹「覺得自己永遠可以坐在同一個位子的人」！

09 每個人都有自己的專業

「你有專業，只是自己不知道而已！」

上週老師在講台上拋下這句話，像顆深水炸彈般緩緩下沉，在我心底的最深處爆炸，激起了一波又一波激烈的驚濤駭浪，迴盪至今仍未平息。在短短的時間內我想通了很多事情，那些懸宕在心中已久的徬徨迷惘、不知所措的問題，如同連鎖反應般陸續引爆，獲得了解答。

我是個業務，雖然是個半路出家的業務，不過卻是個認真盡責、從不中斷學習的業務。我的日常圍繞著銷售、溝通、以及服務，我每天行銷推廣的是公司的產品，但我銷售的是客戶對我的信任，是我自己。

在過去一個月的職訓課程中，我將心裡頭被 COVID-19 疫情打破的職場碎片慢慢整理、重新拾起、接著一片片耐心地拼湊回去。原本以為那會是不堪的、痛苦的，卻意外地發現，每一片碎片都美麗極了！我決定好好利用這些發出耀眼光芒的碎片，重新創造出一幅動人的作品。

只不過這一回，我為自己創作。

在上課的筆記本上寫滿了接下來的執行計畫後，我便迫不及待地開始執行，做了一些連自己都不敢相信的事情。人要有動機才能往前走，驅使我前進的那股隱形力量除了強大得驚人，更讓我看見了自己久違的熱情、還有夢想。

下課後，我和一位在上市櫃公司擔任主管的讀者約在餐廳見了面，他跟我分享了目前遇到的職場瓶頸以及對於未來的不安。他講的是發生在他身上的故事，但我感受到的是似曾相識、曾經發生在自己身上的那些往事。

聽完了現況，我問了這位讀者一些問題，關於他自己想像的下一步發展。在龐大的公司裡，或許我們沒有能力推動組織變革，但可以選擇改變自己、布局未來。

「你其實沒什麼問題，最大的問題就是你覺得自己有問題！」

眼前的他眼神突然變得堅定，也露出了自信的微笑。

因為職訓課程的啟發，我決定替自己架設網站，把這些年來累積的作品跟想法都放在裡頭，當作自己正式展開斜槓人生的起點。

我聯絡了一位早就認識的老闆，他是個很厲害的傢伙，如果我是地球人，他大概就是火星人程度的那種。不過火星人講的話地球人真的聽不大懂，我跟他指派的業務團隊溝通了半天，依舊得不到滿意的答案跟結果。

不知哪來的一股衝動，我打了電話給那位老闆，用客戶及朋友的角度給了他一些業務流程上的建議。除了請他能夠體諒目前我的狀態提供友情價之外，更不要臉地提出希望能夠幫他銷售推廣的合作提議。他有很棒的技術、很好的願景，但還缺一位厲害的業務夥伴。

那股隱形的力量強大得驚人，灼熱得讓人興奮。就像火箭即將升空一樣，在職訓結束之前，我得盡全力做好所有的準備。

你身上的專業會是什麼？只要慢慢用心探索，一定能夠找到答案！

10 機會是留給「曾錯失機會」的人

你覺得，機會是留給哪些人的？

昨天上課時，老師突然問了我們這個問題。接著，同學們開始進行分組討論，七嘴八舌想要找出正確的解答，接著每組派代表在白板上寫出答案，像是：

機會是留給「準備好」的人。

機會是留給「創造機會」的人。

機會是留給「善用機會」的人。

統整不同的解答後，老師補充提出了兩個讓我訝異、也百思不得其解的答案：

機會是留給「還沒準備好」的人。

機會是留給「錯失機會」的人。

我皺著眉，認真地咀嚼著這兩句話的意義。

我永遠記得自己在二十七歲那年，突然間從吵雜的電子工廠被調到安靜的總公司辦公大樓上班，才第一天就被捉進氣派的會議室裡，臨陣上場主持會議的情景。

碩大的橢圓形會議桌上，依序坐著總經理、幾位副總、好多協理、剩下的不是經理就是副理。那時候的我，職稱僅僅是公司最低層的「組級專員」而已。

初生之犢不怕虎的我來不及反應，硬著頭皮上了場，不管三七二十一嘰哩咕嚕主持起了會議。反正在場的很多長官我都不認識，就算不小心說錯話也沒人認識我。就這樣一回生、二回熟，不知不覺中就慢慢磨練出了在眾人面前講話的膽子跟能耐。後來我才知道，不是每個人都有這樣的機會能跟總經理開會。

常常會有人誇我上台時表現很穩，一點都看不出害怕的感覺。仔細想想，應該就是那時培養出的能力。因為還沒準備好，反而得到了寶貴的機會！

機會是留給「還沒」準備好的人。如果有完全把握才去做，那沒有幾件事可以做得成。

剛退伍的時候我對於人生充滿了迷惘，根本不知道自己想要做什麼工作，當時只有一個目標：要找到一份月薪三萬元的工作。無論是二十多年前或是現在，這個薪資對於剛畢業的大學生都代表著美好的第一步。

我的第一份正式工作只做了一個多星期，當時耐不住長時間工作的疲憊，頭也不回地離開了那間外商公司。後來認識了不少曾在那間公司工作的朋友，才發現那真的是個值得待的環境，雖然工作很累，但薪水也令人滿足。

我後來再也沒有遇到如此善待基層員工、有賺錢大家分的良心企業。尤其是本土的慣老闆小公司。

我的第二份工作月薪剛好三萬元，也剛好做滿了三個月。離開的原因是老闆希望我待在總務部門，但我當初應徵的是生產線管理。為了讓自己儘早擁有一技之長，只好忍痛離開了那間工作其實很輕鬆的公司。那時候的我比較不迷惘了，因為找到了一個方向，知道自己想要做什麼。

第三份工作的月薪雖然直接降到兩萬五千元，不過是個規模很大的電腦公司。「就當繳補習費吧！」我心裡邊嘀咕邊簽下了工作同意書，正式展開了職場的旅程。

後來當然又換了很多工作，遇到了很多人，碰到了很多不可思議的事。回頭才發現，第一份工作其實是適合自己的。

機會是留給「錯失機會」的人，因為之前曾經錯過，這次才會珍惜把握。無論是那無緣的第一份工作、或是那永難忘懷的第一段戀情，都教會了我們要好好把握當下，珍惜目前擁有的一切。

人生沒有奇蹟、只有累積。生命中的一切，都將成就獨一無二的自己。

11 請不要放棄夢想

當你能學習的時候，請不要放棄學習。

在上課等電梯的時候，我常常遇見一位坐電動輪椅的女生，那台輪椅真的很大，還好同學們都會禮讓她進入電梯。後來我才知道原來她是隔壁班的同學，目前學校裡一共有四個職訓班同時在上課，每班三十人，一共一百人左右。每天，我們都混在一群大學生、研究生、還有博士生們之中，在碩大的校園裡頭一起學習。

職訓的長度因班級而異，有短期的，也有像我們一樣接近三個月的。我們是群待業中的學生，雖然只是學校裡短暫的過客，不過每個人都十分珍惜重返校園、重新當學生的機會。

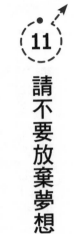

今天搭電梯時，我注意到有一位年長的女士陪著坐輪椅的同學，接著下課時在茶水間裡又見到了那位女士，她搬了張椅子、窩在裡頭休息。好奇之下，我開始跟她聊起了天，原來，她是那位同學的母親（請容我稱呼她阿姨）。

阿姨每天都陪伴著心愛的女兒來上學，在上課的期間她都會在校園裡找個地方休息，當女兒需要她的時候就會隨時出現。只有在這種又冷又飄著細雨的日子才會窩在茶水間裡避寒。其實一直以來，阿姨都是這樣陪著女兒長大、念書、甚至就業。雖然電動輪椅可以解決行的問題，生活上依舊有許多事項，需要母親的幫忙。

就這樣日復一日、年復一年，阿姨陪伴著聰明的女兒一路讀完大學、念完研究所，進入公家的研究單位工作。女兒到哪，她就陪伴到哪。當約聘的工作結束了，女兒決定報考職訓課程學習新的職場技能，考上了，阿姨也就跟著來了。

在透著風的寒冷小茶水間裡，阿姨認真說著自己跟女兒的事，讓我不自覺眼眶溼了、心也暖了。

當你能愛的時候，請不要放棄愛。

很遺憾的，班上有一位同學因為要同時照顧住院的婆婆跟兒子，決定要退訓了。由於婆婆的病情十分不樂觀，在請假的時數即將達到上限的情況下，她只好提出了主動退訓的申請。

大夥依依不捨地跟她道別，她哭著跟每一位同學擁抱，彼此祝福。我在她臉上看見了跟陪女兒上學的阿姨一模一樣的表情，那是種充滿了慈愛、奉獻及接受的笑容。

雖然沒有緣分跟她一起繼續完成職訓的課程，但我們還是為彼此打氣、互相加油，說好在人生的道路上一起繼續努力，然後依舊終點見！

當你能夢想的時候，請不要放棄夢想。

制定完自己的新年計畫後，我一有空就繼續進行著接下來該做的事。除了送出了離職後第一封正式的求職履歷，也開始了Instagram的圖文創作，更完成了個人網站的網址申請，還有Podcast初步的內容規劃。

從沒想過四十六歲的自己會有一天，能夠實現一〇〇%屬於自己的夢想。過去的我每天上班做的，都是替客戶、替公司、替老闆實現他們的夢想。他們的夢想都實現了，而我卻遺忘了自己的夢想……

我一直有一個夢想，想要找到一個適合自己，能夠發揮能力，也可以幫助很多人的工作。此刻的我，正在努力實現著自己的夢想。每一天按部就班，堅定不移地一步步向前邁進。

12 準備出發前往新舞台

已經連續兩天，我都在清晨五點前一刻自動醒來，喚醒我的不是鬧鐘，而是腦海中突然出現的一絲念頭。我毫不猶豫地衝下床打開電腦，趕緊記錄下這些靈感，深怕錯過了，就再也想不起來了。

自從決定要回去上班之後，我休眠已久的腦袋就時常湧現靈感，好笑的是這些念頭總在我無意識的狀況下突然出現，比如說塞車時、洗澡時、睡覺時。

像是昨天我塞在快速道路上，在擠得像沙丁魚的公車上無奈看著窗外時，突然間靈光一現，瞬間構思了一個計畫，然後迫不及待地傳訊息和經紀人好友討論了起來。

又像是昨天下課時，同學們跟老師一起拍大合照，我站在後排盯著老師梳著整齊頭髮的後腦勺，腦袋裡又突然跑出了一些從沒有過的想法。就在那神奇的一瞬間，窗外戲劇性透進了象徵希望的金黃色陽光！我開心地享受著久違的夕陽，慢慢騎著單車回家。

有些時候，你得耐心等待答案的出現，而不是一味地盲目追尋。

是的，我已經想好了職訓課程結訓之後要做的事。雖然目前只是初步計畫，或許會趕不上將來的變化，不過卻是自己從來都沒想像過的方向，一個有點陌生、令人興奮，在想像中會是充滿意義的未來。

就如美國非裔人權運動領袖馬丁．路德．金恩博士所說的「I have a dream.」，我一直有一個夢想，而這個夢想，我終於找到實現的方法了！

看著好不容易整理好的履歷，我發現，雖然過去發生的事沒有改變，但我選擇寫出來的內容變得跟以前不大一樣了。重新梳理之後的人生，看起來似乎像樣了一些、也正經了一點。過去雜亂無章的感覺消失了，取而代之的是有脈絡可循的職涯發展，以及各項精采的工作經驗。

透過寫作，我除了修復了自己的內心，更填補了過去發生的遺憾。

元旦連假我回到了老家，陪伴父母親一起度過。家裡的洗手台壞了，瓦斯爐也故障了，住了二十多年的老房子也到了該整修的時候。修好了，就可以繼續住下去。

做了很久的工作也是一樣，時間到了、遇到困難了，就該好好停下來整理一下。調整好了就繼續做下去，真的沒辦法的話就換個新的舞台，用全新的姿態重新勇敢站上去！

13 成為你真心想成為的人

在《原子習慣》這本書中，作者詹姆斯．克利爾（James Clear）提出了「身分認同」這個概念。

「改變」分成三個層次，最外層的是「改變結果」、中間那層是「改變過程」、最核心的就是「改變身分認同」。大部分的人在訂下目標或是願望時，都會先聚焦在最外層的結果，而忽略了中間的過程、以及最重要的身分認同。因為順序錯了，所以總是事與願違，無法創造出自己想要的結果。

這個概念跟我年輕時上過的心理課程的「Be-Do-Have」理論很像，意思是當你想要達成某個目標，就要先改變信念，「成為」（Be）你想成為的人，然後去「做」（Do），接著就能「擁有」（Have）。

世界上很多聽起來厲害的道理其實一點都不稀奇，有些甚至是小時候就從阿公阿嬤那裡聽過的。只是小時候的自己聽不懂，直到長大以後遇見很多人、經歷過夠多的事之後，才能慢慢體悟那些道理。

在參加職訓課程的口試時，主考官問了一個讓我尷尬的問題：「你這麼資深，還有什麼好學的？」

我摸了摸自己的頭，用誠懇的眼神回答說：「我幹得不好，被老闆資遣了。所以我想，自己應該還有許多不足的地方，可以透過學習改善。參加職訓是目前我能想到最經濟、最負責任、也最實際的做法。」

在回答的那個當下，我真正成為了一個「敞開心學習的學生」，接著幸運地通過了錄取門檻，透過三百八十六小時的免費職訓課程，重新學習職場上必備的知識、技能及心態。

現在的我是個全職學生，雖然長得很像教授，不過每天都很認真上學，至今一堂課都沒請假過。

二〇二〇年五月開始寫日記時，我在成立粉絲專頁的類別上選擇了「作家」。雖然那時候的自己根本沒寫過半篇正經的文章，更不知道該如何成為一個作家，不過既然已經開始動筆了，我就決心要當位作家！

我每天更新，每天五點起床，利用上班前的兩個小時寫出一篇日記。花了六十天的時間完成了「倒數六十天職場生存日記」，也就是這本書的第一章，正式踏出了寫作的第一步。

在生存失敗、離開公司後，我沒有放棄自己，繼續寫下了「大叔轉身日記」，部分收錄於本書第二章，記錄了當時透過生活、旅行、挑戰鐵人三項，慢慢完成心境轉換的歷程。

很幸運地，我一路寫到了「大叔職訓日記」，也就是本書的第三章。

我認為，我不是一個中高齡的失業者，而是一位待業中的斜槓作家。

透過接連發生在自己身上的事，我見證到了「改變」帶來的奇蹟。

我打從心裡相信「身分認同」以及「Be-Do-Have」帶來的神奇力量。只要心態對了，就能夠做出對的事情，創造出想要的結果。不過前提是要先養成好的習慣，努力堅持下去才行。

現在的我，終於找到了一份適合自己，能夠發揮能力，也可以幫助他人的工作，那就是——**真誠地做自己，成為世界上獨一無二的存在**。希望透過我的故事，能幫助在職場上迷航的人們相信自己的力量、找到新的人生方向，一起再出發，向人生的下一站幸福邁進。

後記
重新拾回完整的人生

從沒想過，四十六歲的自己真的能夠成為一位出書的作家。

我認識很多優秀的朋友、同學、師長、以及有名的大人物們，出書這件事在我的同溫層裡並不稀奇，但自己是第一個以「非專業」主題進行分享的作者。身為一個再平凡不過的上班族，我沒資格以類似「名人傳記」的角度歌頌自己，也沒能力以「業務」、「行銷」、或是「品牌」的觀點分享自身淺薄的經驗。

我唯一值得驕傲的，就是面對挫折的勇氣跟重新來過的毅力！

突然間失去了名片，你還能剩下什麼？

經過了半年的親身實驗後，我發現，自己失去的只有名片上的身分，還有那些為了職稱親近你的人而已。

沒了名片，終於可以做想做很久的事、說想說很久的話、扮演真心真意的自己。

我不小心弄丟了一張名片，卻因此獲得了嶄新的未來，並且重新拾回完整的人生！

感謝在書中出現過的每一位角色，你們每一位都是我的天使，為我帶來了如此精彩又充滿啟發的生命歷程。

感激黃大米女士，在寫作初期就熱情給了我莫大的鼓勵。

謝謝職訓班的周主任、李導師、陳助教、所有職訓期間教導過我的老師們，以及每位一起學習的同學們。職訓這段期間承蒙大家的教導跟照顧，讓我得以好好歸零學習，充飽了再出發的正能量。這段珍貴美好的時光，我將永難忘懷。

感恩研究所的指導恩師梁教授及欒院長，學生會謹記兩位老師的諄諄教誨，繼續腳踏實地努力下去，當個對家庭負責任的男子漢，成為對社會有貢獻的一分子。

感謝我的造型老師彬鳳與依盈，你們成功拯救邋遢過了一輩子的我，之後的每一天都要繼續自信帥氣地活著！

特別感謝我的經紀人好友出版魯蛇，以及用心照顧我的編輯如翎，因為你們的協助，讓我的文字能出現獨特的風采。感激采實文化的何總編輯，與行銷企劃佩宜、豫萱的費心。

而最最感謝的，其實是我的前老闆。謝謝您，勇敢做出了資遣我的決定！

最後，感謝最支持我的家人們。謝謝我的父母親生下了我，雖然沒用的兒子至今沒法成為一個賺大錢的人，但依舊會堅持當個有用的人。

謝謝我最愛的太太一路以來的陪伴與支持，雖然老公從沒讓你享受過一天好日子，但我會繼續努力讓你感到驕傲，也會跟你一起努力把貸款還清。

謝謝我的一雙寶貝兒女們，你們是我這輩子擁有最大的成就及財富，當我覺得自己在職場上失去所有的時候，其實在心靈上早已擁有了無價的幸福跟滿足。

這本書獻給認真活過了四十五年的自己，千萬要記得莫忘初衷，繼續熱情付出，有愛地走過未來的每一天！

HEART
心|視野　心視野系列 078

倒數 60 天職場生存日記

四十五歲的我在工作低谷，尋找人生選擇權

作　　者　Vito（蔣宗信）
總 編 輯　何玉美
責任編輯　陳如翎
封面設計　張天薪
版型設計　theBAND・變設計— Ada

出版發行　采實文化事業股份有限公司
行銷企劃　陳佩宜・黃于庭・馮羿勳・蔡雨庭・陳豫萱
業務發行　張世明・林踏欣・林坤蓉・王貞玉・張惠屏
國際版權　王俐雯・林冠妤
印務採購　曾玉霞
會計行政　王雅蕙・李韶婉・簡佩鈺
法律顧問　第一國際法律事務所　余淑杏律師
電子信箱　acme@acmebook.com.tw
采實官網　www.acmebook.com.tw
采實臉書　www.facebook.com/acmebook01

I S B N　978-986-507-275-9
定　　價　330 元
初版一刷　2021 年 3 月
劃撥帳號　50148859
劃撥戶名　采實文化事業股份有限公司
104 台北市中山區南京東路二段 95 號 9 樓
電話：(02)2511-9798　傳真：(02)2571-3298

國家圖書館出版品預行編目資料

倒數 60 天職場生存日記：四十五歲的我在工作低谷，尋找人生選擇權 / Vito(蔣宗信) 著 . -- 初版 . -- 台北市：采實文化事業股份有限公司，2021.03
面；　公分 . -- (心視野系列；78)
ISBN 978-986-507-275-9(平裝)

1. 職場成功法 2. 生活指導

494.35　　110000806

采實出版集團
ACME PUBLISHING GROUP

版權所有，未經同意不得
重製、轉載、翻印